斬釘

斬釘截鉄

唐宋元明家具风格的镔铁意象

马书 著

广西美术出版社

凡物皆有可观

苟有可观，皆有可乐，
非必怪奇伟丽者也。
——〔宋〕苏轼《超然台记》

目录

自序 得意忘形

天下制器者如过江之鲫，不知凡几，或埏埴作陶，或磋琢作玉，或捻管作书，或皴染作画，或髹涂作漆，或正枘作木，得其形制，逞其所用，已然不易！《易经·系辞》曰："形而上者谓之道，形而下者谓之器，化而裁之谓之变。"形而上者是无形道法之抽象，形而下者是有形器用之具象，有象即有状，推而演之，得而化之，从而构成了吾国人审美文化心理之"意象"。

意象是寓"意"之"象"，介于抽象与具象之间，譬如：听细雨滴落于蕉叶而生诗意，见清泉湍鸣于石上而生画意，望暮云横断于烟树而生归意，睨落叶卷没于秋风而生愁意，叙清话围炉于雪夜而生居意。意，即人之情状，物象万端，凡见客观之物象，即生主观之情思，从而构成自我之意象。若胸无点墨，尘垢未除，所见之物皆俗，非物俗，实自俗；或玄虚自许，俯仰百变，所见之物皆陋，非物陋，实自陋；或忝为迎合，故作淫巧，所见之物皆空，非物空，实自空；或摄心自持，不与众驱，所见之物皆清，物乃清，人亦自清。

凡物与我交集，致我所迷，皆吾之所爱。昔年斫木为具，拙成《坐观》《文心飞渡》，近年铛铛作铁，其曰“斩钉截铁”，皆吾之所爱，吾之所爱。皆可见吾之情状，既寓于物，又得其意，苟以“摄心自持”。庄子说：“忘足，履之适也。”如果鞋子的尺码合适，穿着舒服，人们就会忽略脚的存在。愚忝为附合：“忘质，形之适也；忘形，意之适也。”是为得“形”而忘其质，得“意”而忘其形。

形寄于质，质为太素之始，金石草木皆为其质。建筑以砖、木、茅、茨为质；器用以银铜、金玉、琉璃、丝麻、陶瓷、竹木等为质，质生其形，形生其物，物有其美，必有其韵，形美则韵生，然后“文质彬彬”，如《伍举论台美而楚殆》所言：“夫美也者，上下、外内、小大、远迩皆无害焉，故曰美。”世间器用，皆出于人手之工，更出于人心之意，工巧难传，善之者少，若心法浅薄，则技法盛，难免炫耀卖弄；若心法淳厚，则技法隐，是谓“应心隐手”。凡刻意炫目，铺排连绵，是为匠气；凡不知所云，唯其所云，是为鬼气；凡芜杂不清，毫无头绪，是为野气；凡食古不化，自以为正，是为僵气；凡无法无度，无规无距，是为浮气；凡枯淡生涩，散缓不收，是为馁气。沾以上之气者，终非高妙，当视其如醉者之恚言，狂者之妄语，大不可理。如明人文震亨在其所著《长物志》中云："今人见闻不广，又习见时世所尚，遂致雅俗莫辨。更有专事绚丽，目不识古，轩窗几案，毫无韵物，而侈言陈设，未之敢轻许也。"

凡观古代家具，究其地域风格、诸作造法，皆有根据。若遵其造法，榫卯不敢变，结体不敢违，唯复制而不敢或不能越雷池一步耳，何曰创新？或持斧斤，长髯撸袖，言不成文，俨然大匠，美曰"继承"，实乃自以为是。物之可观者，非但俗雅之谓，俗雅之外，还有趣观，不得其旨，终是无益。依其形制而重新组合，结体要古，态度要今，才能使其焕然一新。但凡有以斗炫之质、西方之巧，曰合璧，曰风尚，断不可取，岂不闻"文化心理"各异，人情物理亦各异，唯东方之意象，需东方之人可觉，否者皆为强求附会，如明人赵宧光所言："智者见之益其智，愚者见之增其愚。”吾之智，在吾之时养；吾之愚，亦在吾之时养，吾在吾之国度，自有吾之感觉，非异邦风情可僭越。

中国古代家具文化自先秦至汉魏以来是以“席地而坐”为主，伴有帐幔、屏扆、食案，寝内已有漆木折叠匡床。自南北朝时期由于受到胡人的“胡床”结体以及佛教“结跏趺坐”的叠涩须弥座的影响，出现了壸门帐床、矮足板榻、交足长凳、栅足长桯、凭几、挟轼、枰桯以及筌台之类的家具。到了唐代又逐渐出现了局足式或箱体式的“壸门托泥”家具，有月牙凳、绣墩、横梁出头椅、壸门板榻、壸门食桌等。自五代至两宋已形成多样式的高足家具文化，如庋架、桌案、灯檠、椅凳、箱柜、床榻等，人们的服饰文化也开始因为适应高足家具的使用而带动窄袖、连裆衣作的流行。迨及元明时期，家具式样已臻全备。至清代家具风格张扬日盛，无容置喙。唯念唐宋元明家具风格最为雅趣，其结体造型更趋于我们的审美心理，让人摹学不尽，心向往之！今以镔铁为质，参其神韵百不足一，以为玩味。

据东汉许慎《说文解字》:“铁，黑金也。”昔唐人郭震有诗云:“君不见昆吾铁冶飞炎烟，红光紫气俱赫然。”宋太宗亦云:“我曾闻昆吾有铁，久炼方成冰似雪。”昆吾，是《山海经》所记载的山名，中国早在先秦时期已开始使用铁器。铁，是一种质地坚硬的金属物质，也引申为坚强或坚定不移。世人多唯材论，或谓镔铁使人寒冽，不如木作柔嘉暖心，木作实为美，不赘述。镔铁确生寒意，犹如冬月之荒寒，大寂始生。木作犹如春山之媚，灿烂缤纷，迎合人眸，却也喧极复寂。今以镔铁立形，不见榫卯，不见机巧，乃吾时下造物之手法，非鄙视木作之美也！如庄子所言“有机事者必有机心”，然“机心存于胸中，则纯白不备；纯白不备，则神生不定”，故以镔铁焊接造物，以形韵解决技术，合零为整，聊可一观。铁为形之骨，骨格未正，则态度不立，愚曾潜心于古代木作家具研习逾二十载，深知木以榫卯为机巧，木无榫卯，则结体不成，腿牙枨抹无所依凭也。即作榫卯，或方凿圆枘，或闷头露明，皆当与形俱化，一如成衣之针脚、垒墙之灰缝，形质一体，意韵在中。若将机巧寄于形外，则神韵失。今焊铁成形，实无机巧，更无高超之技法，此间之铁，属世间寻常之铁；此中之形，乃吾之心象之形，心源可振，情状可遣，沃然有所得。所以执铁作木，摧钢为柔，举残朽破乱之材，从烈日尘嚣之境，斩其长，补其短，逞其形式，“截”然而不同。或脱略于榫卯，以心法迁替于技法；或摒弃于木作，以镔铁磨揉为结体。率俾于耳目，停睇神驰；争流于造化，无中生有。是谓：非新非旧，非古非今。非规非矩，非类非象。非骄非侈，非奇非焕。亦非一人之寓，更非一人之乐！

意不留久，情不再至，心省而不言，自以为逸于绳墨之外，拙此《斩钉截铁》，愿观者得形而忘质，得意而忘形。

二〇二一年六月于大樗畋舍

截然不同

正文

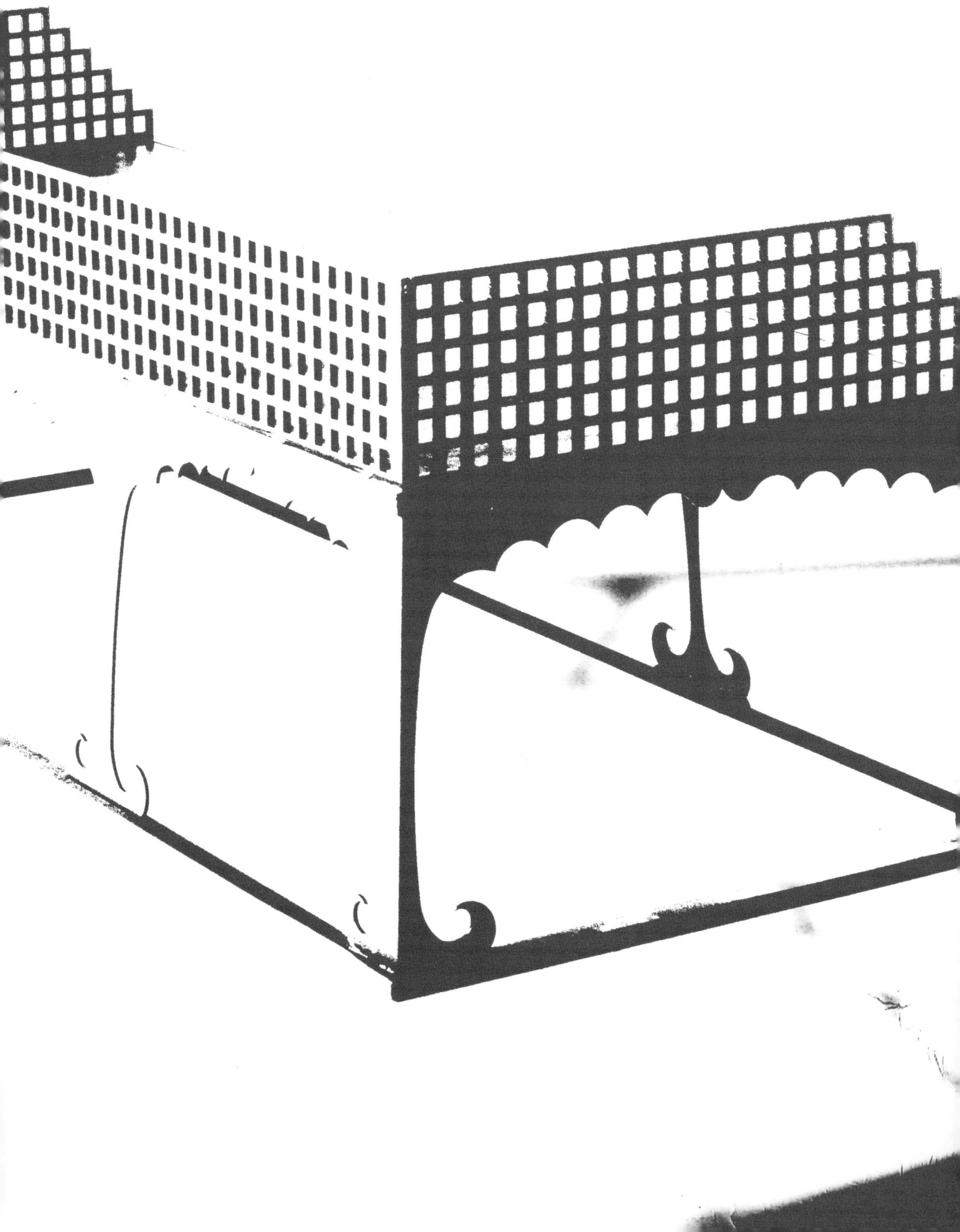

物惟求新，人惟求旧。

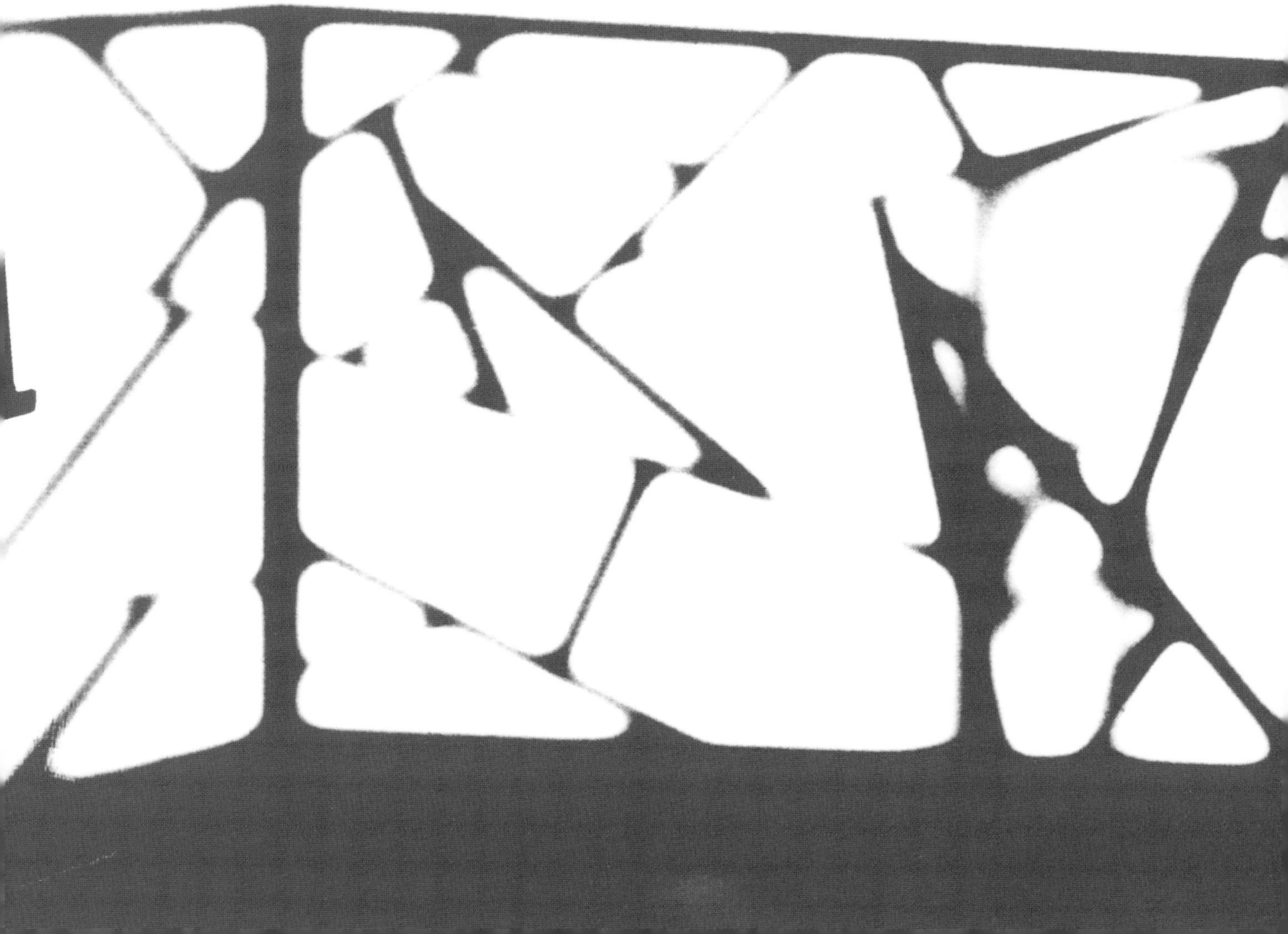

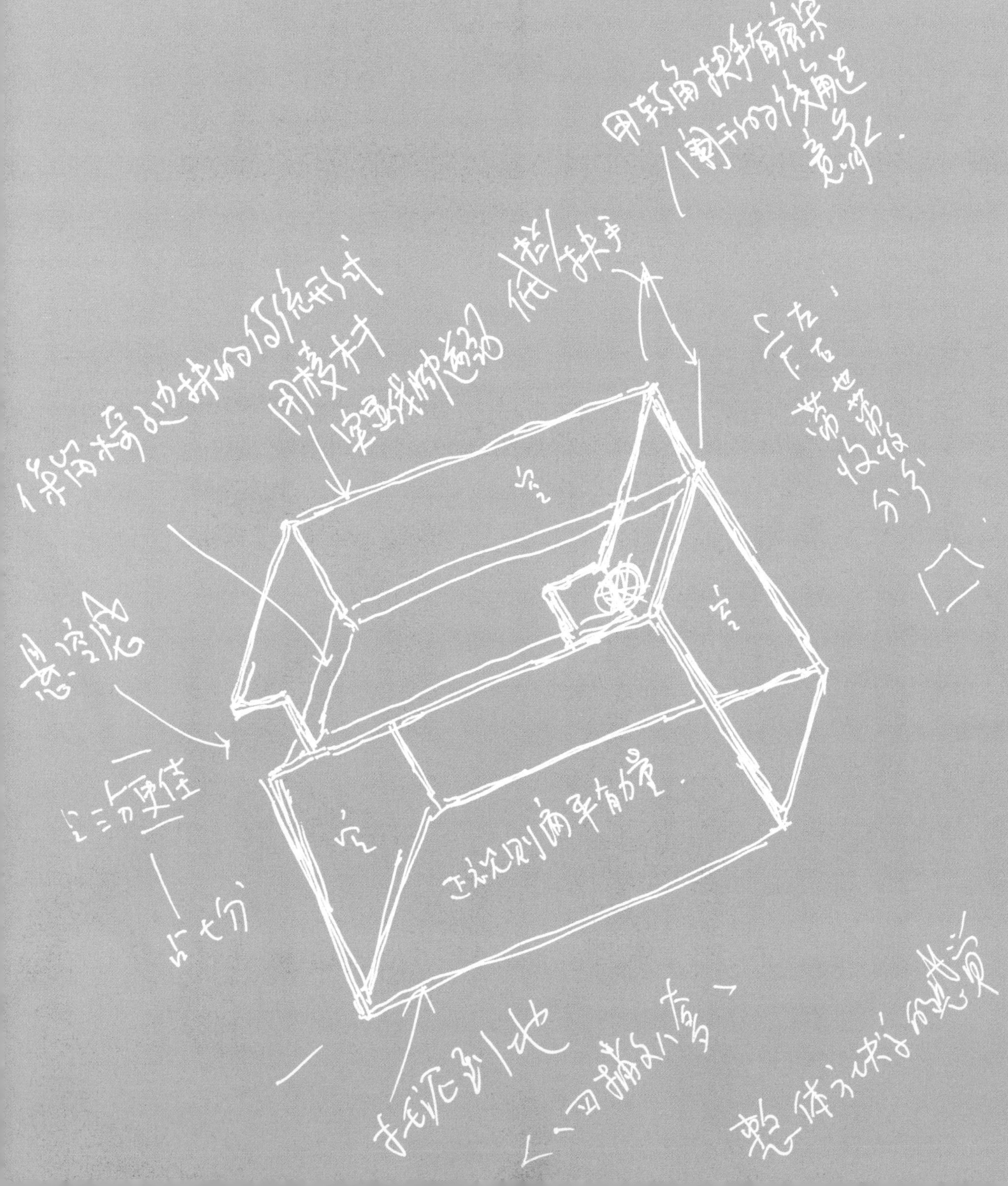

坐隅

红花天染，萤光自照。竖膝履地，不过椅子。椅子本作『倚子』。

宋王谠《唐语林·补遗二》载：『又立两藤倚子相背，
以两手握其倚处，悬足点空，不至地三二寸，数千百下。』

宋陆游《老学庵笔记》卷一：『高宗在徽宗服中，
用白木御椅子。钱大主入觐，见之，曰：「此檀香椅子耶？」』

明文震亨在《长物志》一书中谈到对椅子结体的看法：『总之，
（椅子）宜矮不宜高，宜阔不宜狭，其折叠单靠、
吴江竹椅、专诸禅椅诸俗式，断不可用。』

独坐角落，为坐隅。
语出唐李绅《开元寺》：『坐隅咫尺窥岩壑，窗外高低辨翠微。』

椅座之『匡形』式样源于宋人学士雅集之长物，
结体净正，空简无饰，一分细，一分清。

座面与扶手间接相连，借以镔铁之韧性，使枕背两侧悬浮，
此造法之险、遒劲之细，非木作榫卯机巧所能成。

长七十厘米／宽六十二厘米／高六十六厘米／座高四十三厘米

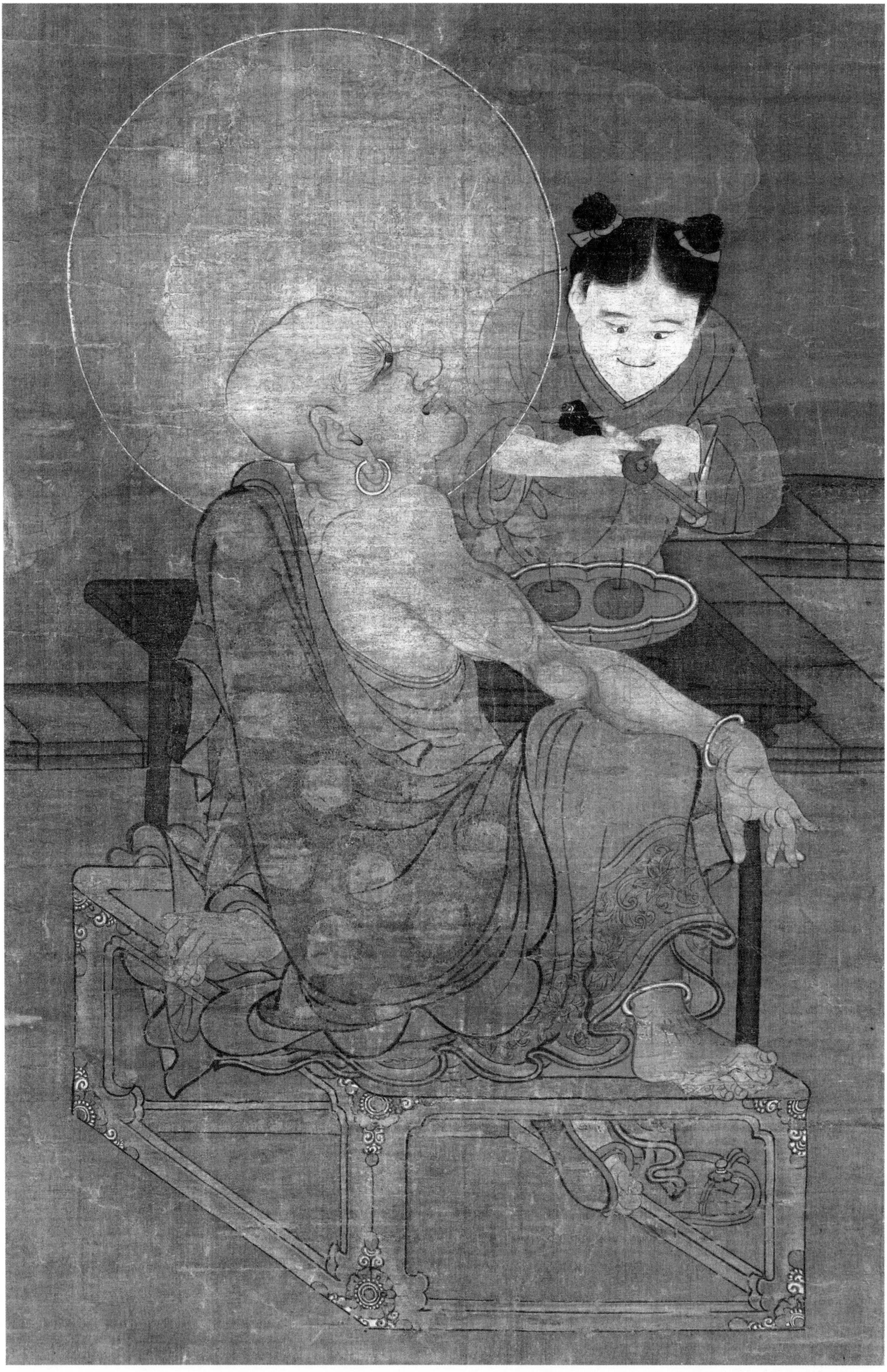

执友

执友，如意之别称。

如意乃吉祥之物，脱胎于古代的『笏』和『搔杖』，俗称『不求人』。按古书《采兰杂志》所载：『凡心有所欲，一举之顷，随即如意，虽冬雷夏雪、起死延年皆可得之。』

方凳上下呈收分状，四面委角空塘，倒垂如意。

长四十二厘米／宽四十二厘米／高四十六厘米

左页为南宋金大受所绘《十六罗汉图》之一，图中应真为『注茶半托迦』尊者，右袒袈裟，趿屐（平底托鞋）自在坐。禅凳委角破瓣镶团窠宝珠，身旁置黑漆小案，案上有海棠式水果攒盘，案前另有一丱髻小童手持窄刀，正在旋刨果皮。

萦集

萦，意指云气收卷。

南朝宋鲍照《学刘公干体诗》有云：『树迥雾萦集』。

凳子结体源于宋元时期的『排叉柱』城门，用十二足，座面镂空四簇云纹，得『萦集』之意。

长四十二厘米／宽四十二厘米／高四十八厘米

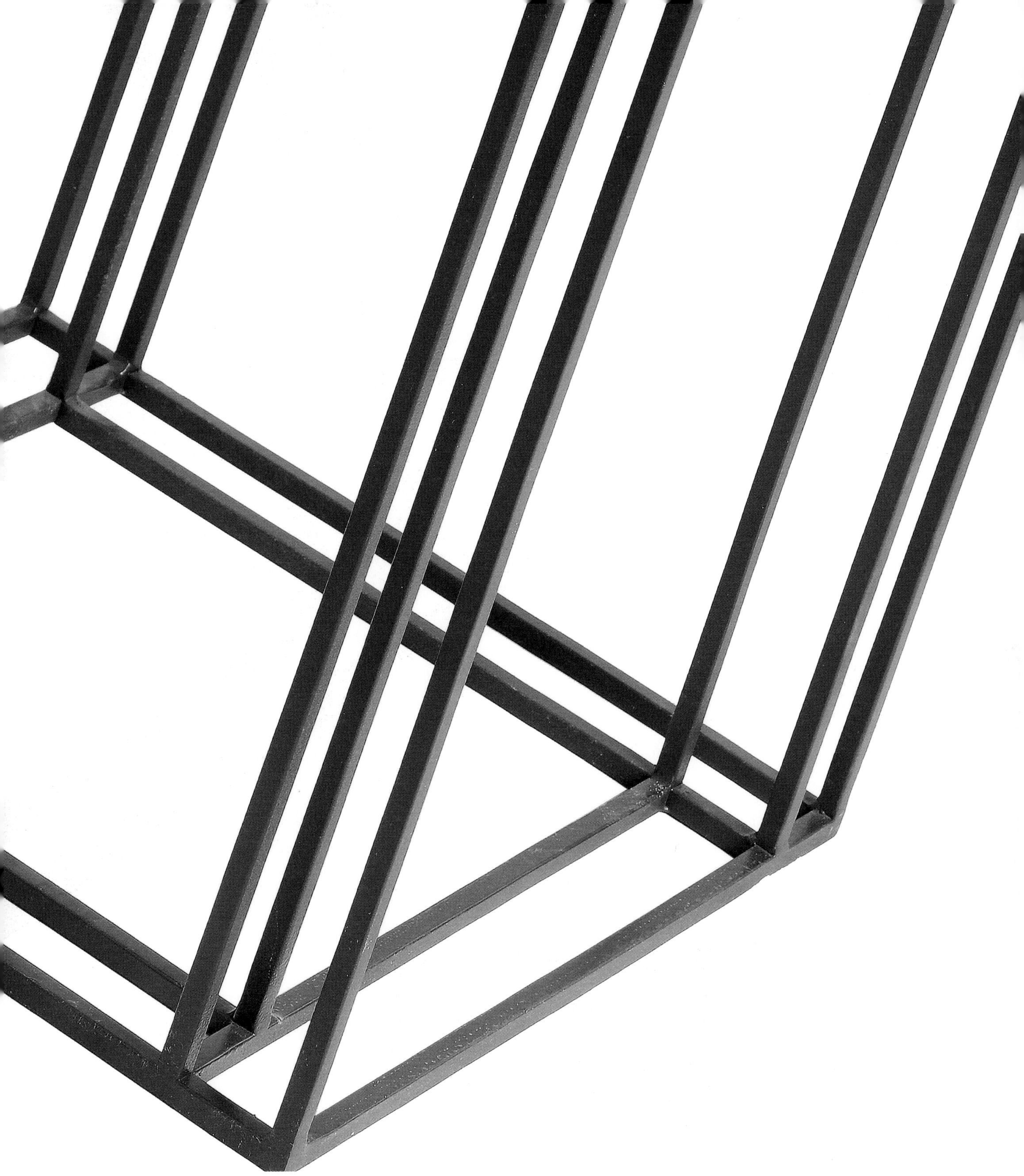

梵筵

梵为清净，筵为坐席。梵筵，即佛教讲经道场。
语出南朝梁沈约《栖禅精舍铭》：『往辞妙幄，今承梵筵。』
唐代陈子昂《夏日游晖上人房》诗：『山水开精舍，琴歌列梵筵。』
唐代阎防《晚秋石门礼拜》诗：『永欲卧丘壑，息心依梵筵。』
明代唐顺之《游嵩山少林寺》诗：『二室围兰若，三花接梵筵。』

禅凳为折角式十字结体，上下带收分，用十二足。

长四十二厘米／宽四十二厘米／高四十八厘米

美意延年　采掇于嵩山少林寺

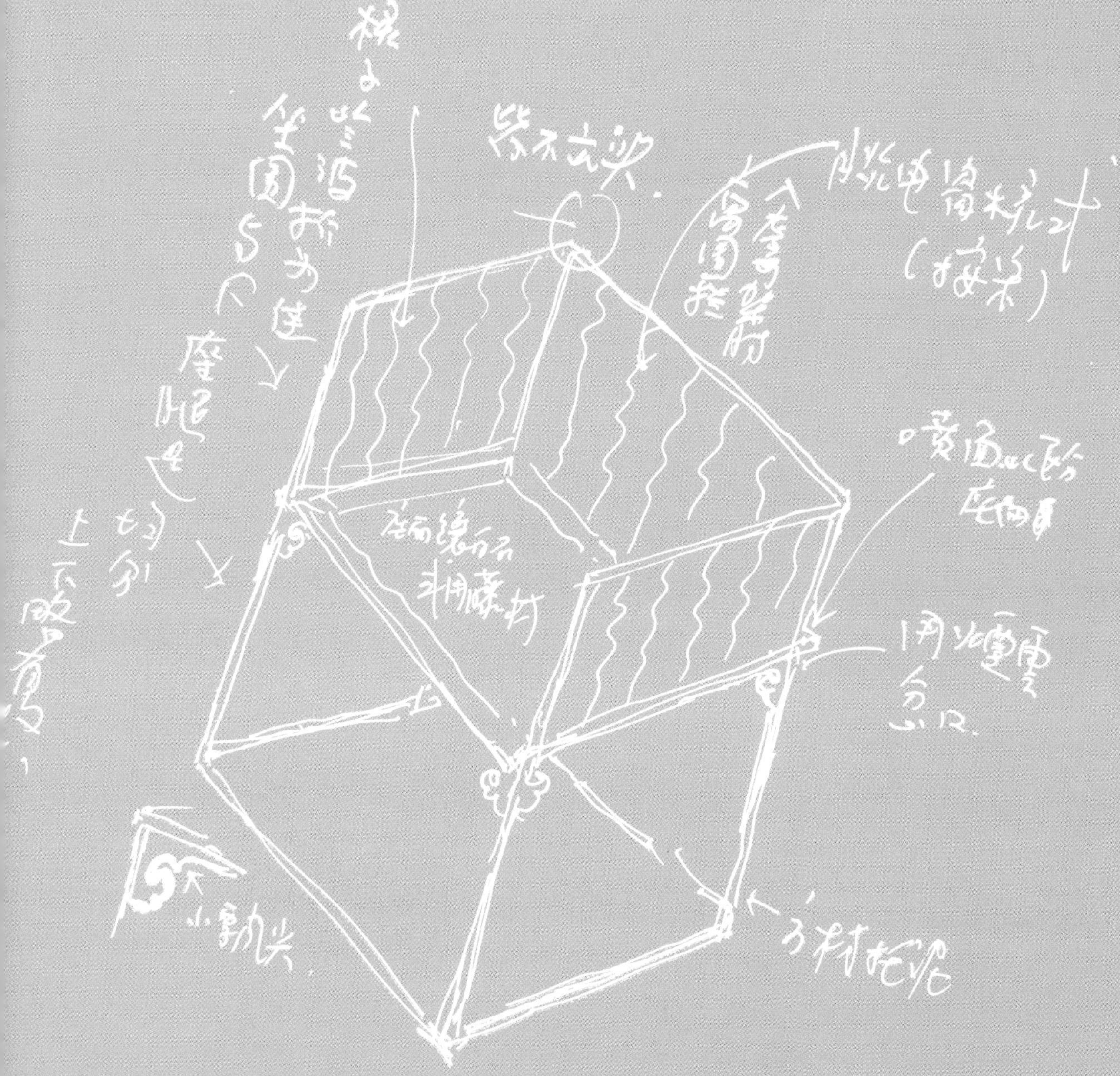

方材托泥

河澗

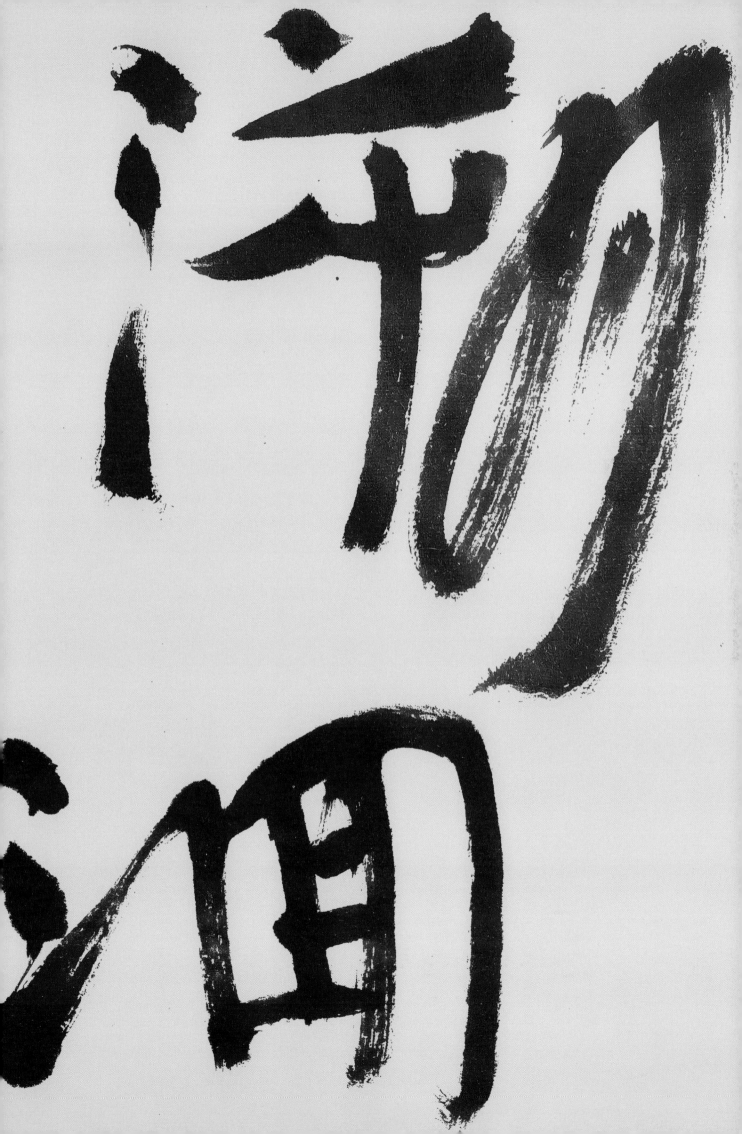

溯洄

逆流而上谓『溯洄』。

语出《诗经·秦风·蒹葭》：『蒹葭苍苍，白露为霜。所谓伊人，在水一方。溯洄从之，道阻且长。溯游从之，宛在水中央。』

山回水曲，太白睒睒。

宋李诫所著《营造法式》把水波纹棂子的窗称为『睒电窗』。睒电棂条有律动之势，疏疏淡淡，既如睒电，又如清波。是故『奔电屯云，连波叠浪』。

曲棂如水波竖向排列，座中以白石为塘，
椅足间架以三折云头合角，外静而内动。

凡水、石、云可构成林泉之致，
是故稻秫在田，菜茹在圃，鱼凫在溪，菱芡在池，鸡犬在场，
浮游在湖，踏雪在桥，
构成了一幅超然篱下的隐逸山居图。

长六十七厘米／宽四十九厘米／高八十三厘米／座高四十一厘米

净几

语出宋代苏辙《寄范文景仁》诗：『欣然为我解东阁，明窗净几舒华茵。』

以螺纹为肌理，看似古淡无奇，
然奇正相生，慨非匠心之表可以尽意，
是谓『真力弥满，万象在旁』。
所立卓尔，虽简白空疏，或有可观。

凡『几』以高足为论，
不可坐，不可卧，不可倚，多为虚置之物，
虚置而非虚设，焚香清供，寂久一望，
可使人顿生纯白之心。
世间物非必尽用，可作蒙眬看，可作无声欢。

长一百三十二厘米／宽三十六厘米／高八十八厘米

乘桴

桴者，小竹筏或小木筏。语出《论语》：『道不行，乘桴浮于海。』

水纹禅椅，四出头，倚背间屏。借水载桴，计实当虚。

长五十九厘米／宽五十四厘米／高一百一十六厘米／座高五十厘米

左页为唐代阎立本所绘《佛》局部图，画中尊者右袒袈裟，垂足指点，所坐四出头禅椅带踢床，禅椅结体用随形树木枝干接成，身后屏倚蒲团，挂拂麈，立禅杖。

木曲者枝杈成形，水曲者横波随形，皆因势生形。枝丫无由，水波无端，随形搭接，不以绳墨定曲直，有乘兴立就之意，当宜禅家静定，文家心隐。

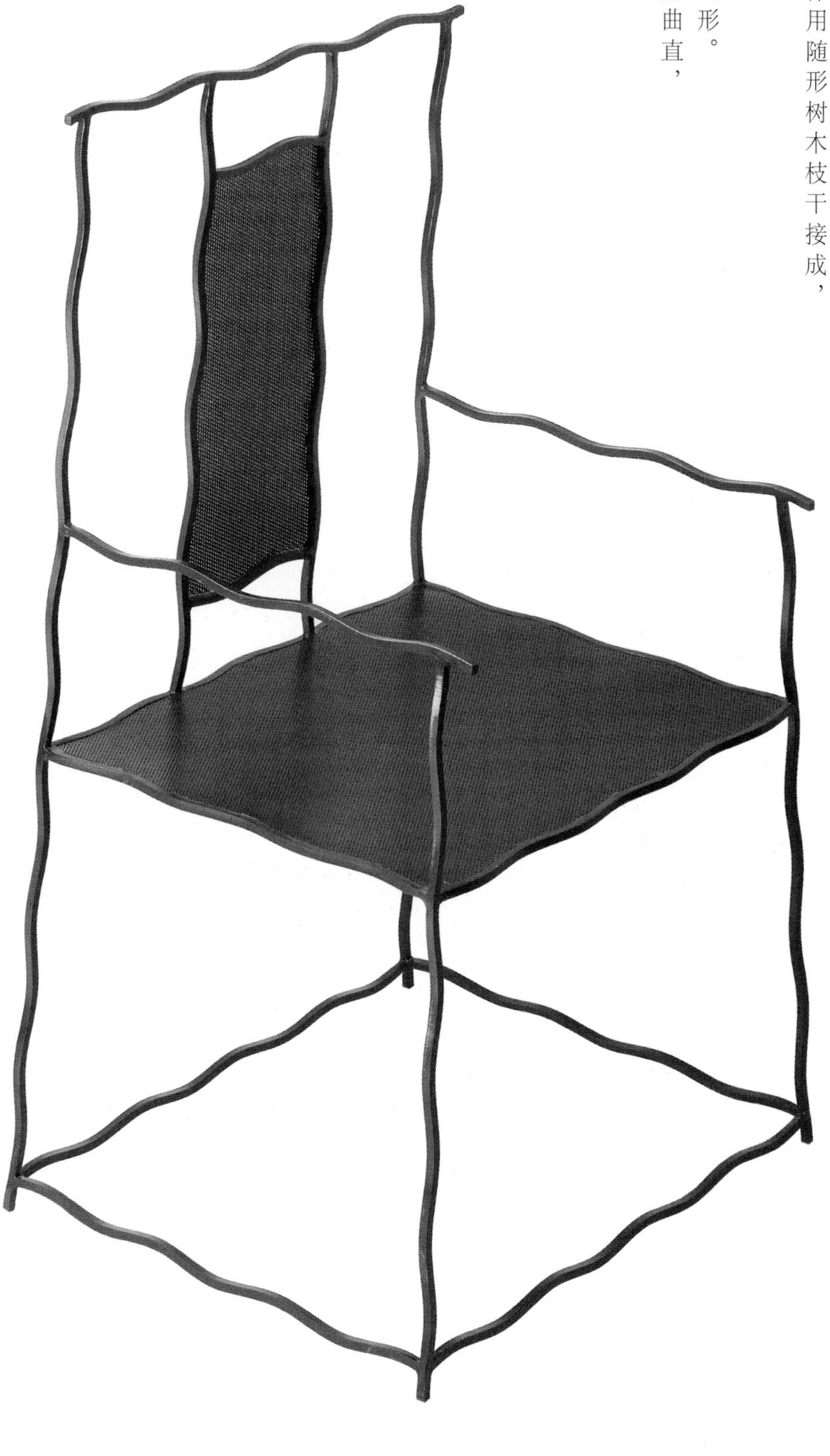

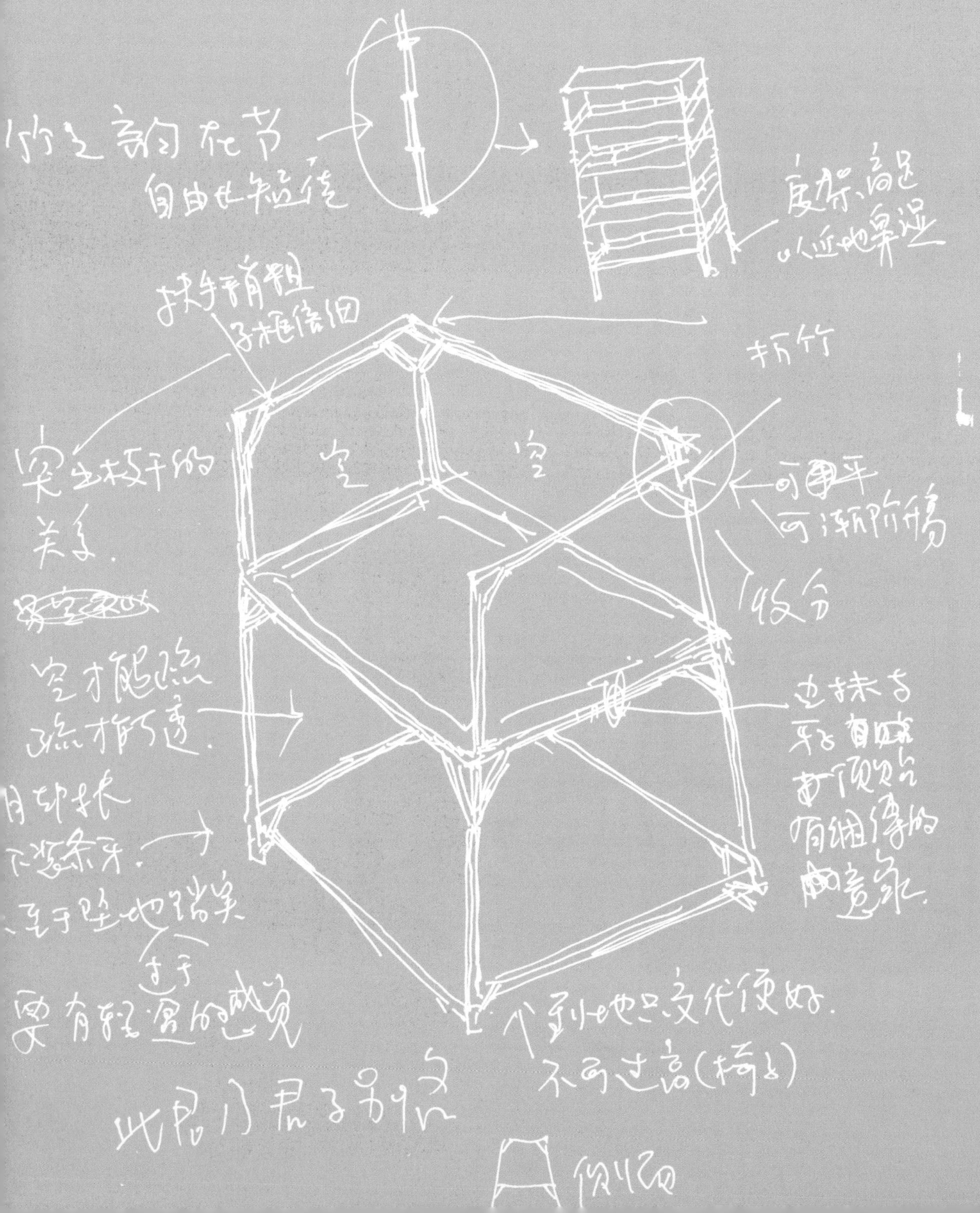
竹之韵在节
扶手稍粗
折竹
收分
实与枝干的关系
空才能流
流才能透
要有轻盈的感觉
到地只交代便好
不可过高(椅子)
侧面

明人绘文士肖像图，画中文士所坐为斑竹攒万字围子床。

清人绘《莺莺传》画中张生与崔莺莺『纨绮闲话』，张生头戴『飘飘巾』，所坐为斑竹攒万字靠背椅。

此君

玫瑰椅（牙枨仿竹节烘弯）

据《晋书》卷八十《列传第五十·王羲之》：『时吴中一士大夫家有好竹，（徽之）欲观之，便出坐舆（即肩舆，轻便小轿）造竹下，讽啸（啸歌吟咏）良久。主人洒扫请坐，徽之不顾。将出，主人乃闭门，徽之便以此赏之，尽欢而去。尝寄居空宅中，便令种竹。或问其故，徽之但啸咏，指竹曰：「何可一日无此君邪！」』正是『王家看不足』，不可一日无此君，故后以『此君』比作竹子。

唐代杜牧《题刘秀才新竹》：『不是山阴客，何人爱此君？』岑参《范公丛竹歌》：『此君托根幸得地，种来几时闻已大。』白居易《东楼竹》：『楼上夜不归，此君留我宿。』宋代姜夔《念奴娇·谢人惠竹榻》：『梅风吹溽，此君直恁清苦。』

文人爱竹，自古而然。竹子长青不败，虚怀若谷，有君子之范。常言『不可居无竹』，尤以斑竹最为深情。相传，舜帝之妃娥皇、女英，千里追舜于君山，闻舜崩，抱竹痛哭，泪落成斑，故称『泪竹』，亦称『潇湘竹』『泪痕竹』『湘妃竹』。

长六十厘米／宽四十五厘米／高七十二厘米／座高五十厘米

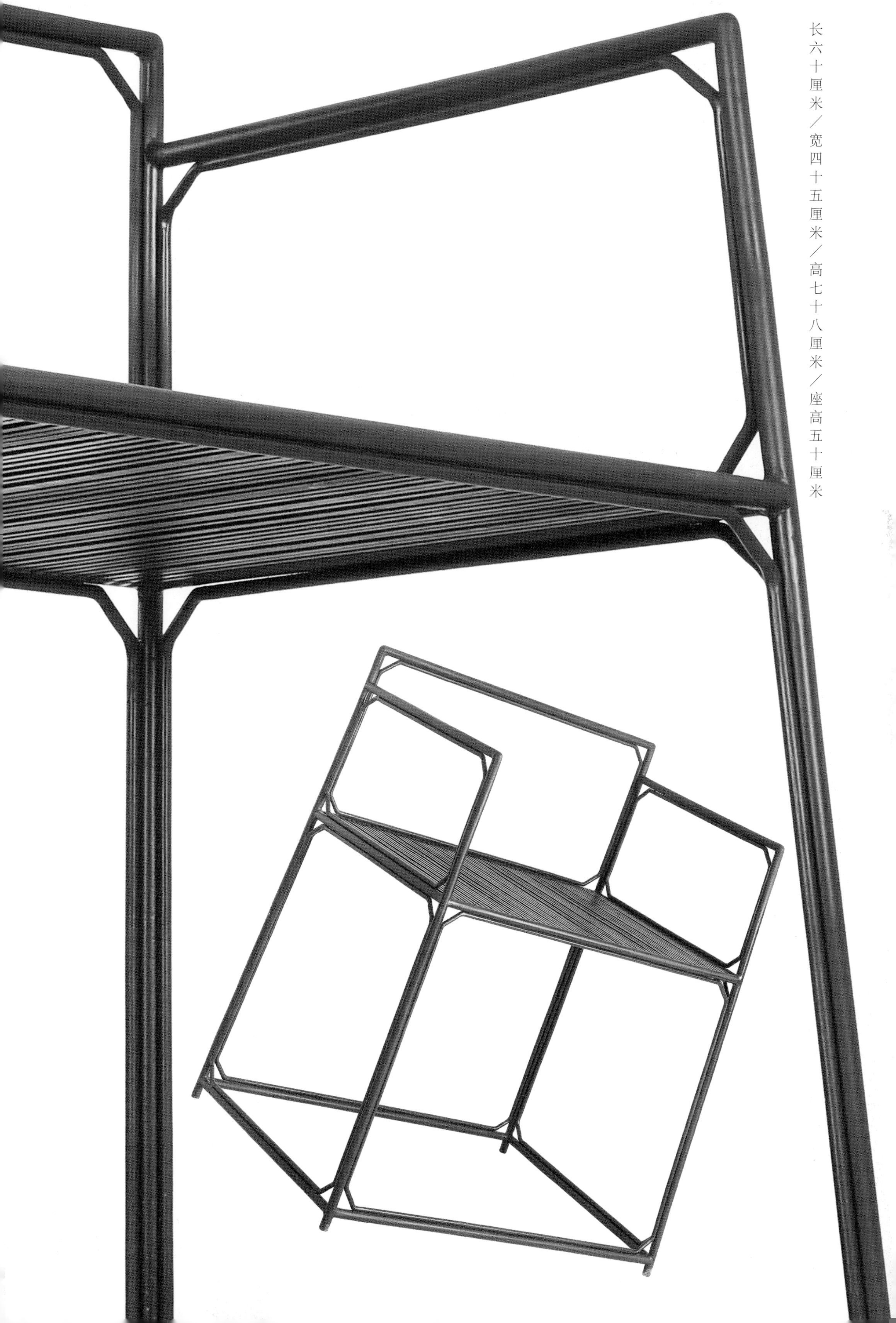

长六十厘米／宽四十五厘米／高七十八厘米／座高五十厘米

〔明〕沈俊 陆文定公像册之一
美国普林斯顿大学艺术博物馆藏

图中人物为晚明官员陆树声，绘于明代万历十九年（公元 1591 年）。陆公模仿北宋大文豪苏东坡着装，头戴乌角巾，身穿交领缘边大袖袍，腰系玉绦环，手拈玉拂麈，『半跏趺坐』于斑竹椅之上。此坐法为唐代高僧神秀大师所流传，安稳不易疲倦。陆公所坐四出头椅是将斑竹烘弯，榫接而成。身旁另有小童倚杖袖手。

按明代汪廷讷《种玉记》所载，凡玉绦环为福星所佩，玉拂麈为禄星所持，紫玉杖则为寿星所拄。

〔清〕邓文举 蕉荫纳凉图页（局部）
美国国会图书馆藏

幽人缁撮、宽袍、芒履，『半跏趺坐』于斑竹长榻。长榻腿柱较粗，辅以烘弯牙帐分递承重，腿柱四向用直帐牵拉，榻上另铺破瓣缘边冰簟，置有卷帙、茵枕。身后芭蕉成荫，时有小童奉茶。

以芒草为履，以竹编为具，以蕉荫为扇，以天地为庐，反朴忘机，天人合一，不仅昭显了古代士人的精神风范，还体现了古代士人的空间审美意识。

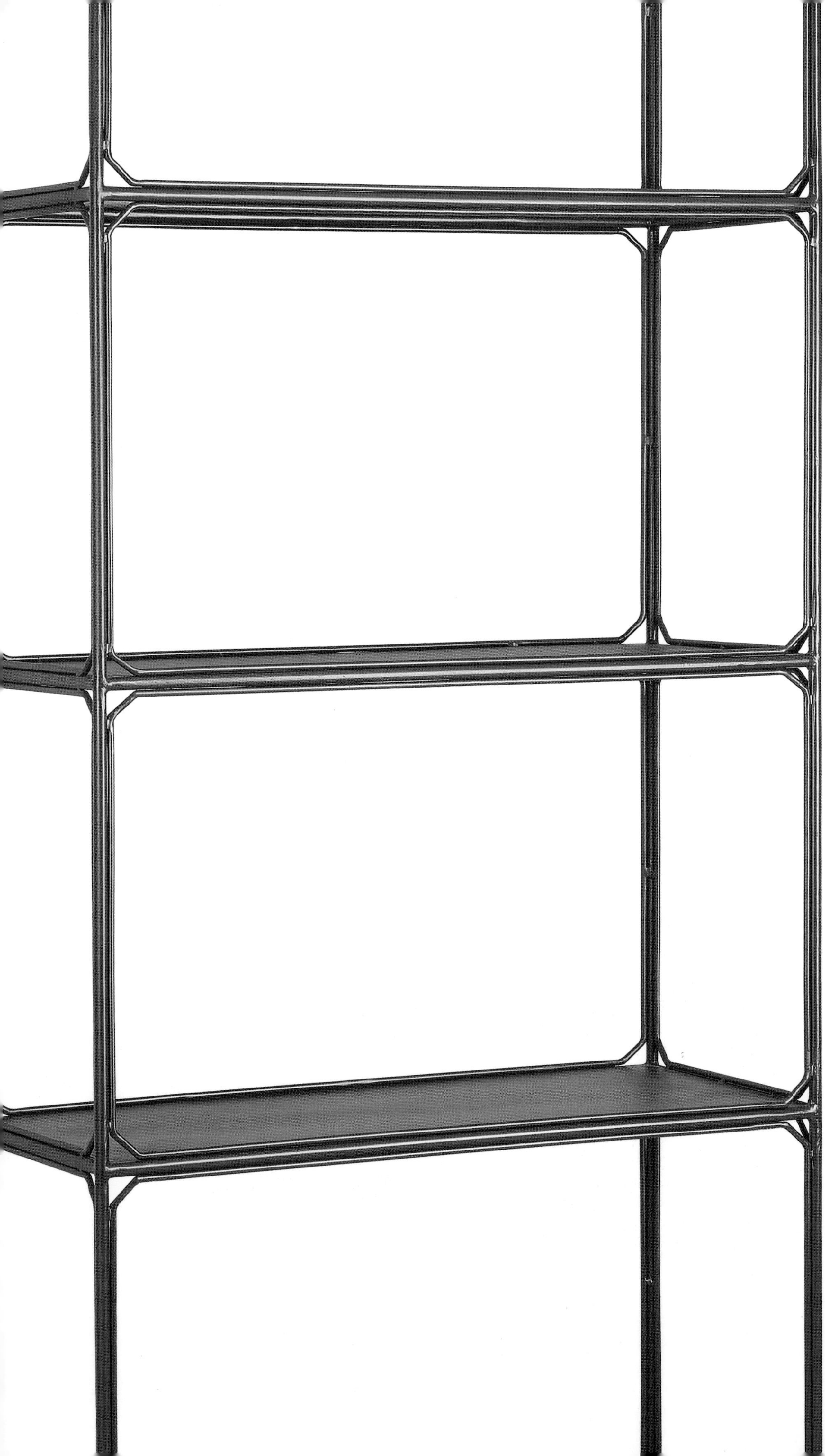

离离（仿竹编庋架）

离离在此处指竹节盛多，井然有序。元人龙辅《女红余志·竹》：『竹名「郁离」，不知所出。偶睹沈诗（《咏檐前竹》）云：「繁阴上郁郁，促节下离离。」似出于此。』

庋架，即藏书架。清代吴趼人《历史小说总序》：『秦汉以来，史册繁重，庋架盈壁，浩如烟海。』

长八十厘米／宽三十六厘米／高一百九十八厘米

（南宋）梵隆 十六应真图卷（局部）

左侧尊者身覆右袒式袈裟，脚着跣履，双手搭歇在凭轼之上，座下为根节式斑竹禅椅，脚踩踢床，椅子四出头结体，椅座垛边裹腿作（烘弯），座面垫铺细篾冰蕈，边饰破瓣合角，枕首（搭脑）另系有蔓草披巾。

中间尊者身覆通肩对襟袈裟，椅座用云板足，连珠镶嵌，踏床用素云纹。椅披宽绰，自枕首至座面通铺。枕首为斗子栾形剔花出头。

二尊者禅座各异，左侧质朴，中间华贵。既得真道，广种福田，神通变化，妙用罔测，一见便见，付之一默。

明代高濂所著《遵生八笺》载：『禅椅较之长椅，高大过半，惟水摩者为佳。斑竹亦可。其制惟背上枕首横木阔厚，始有受用。』

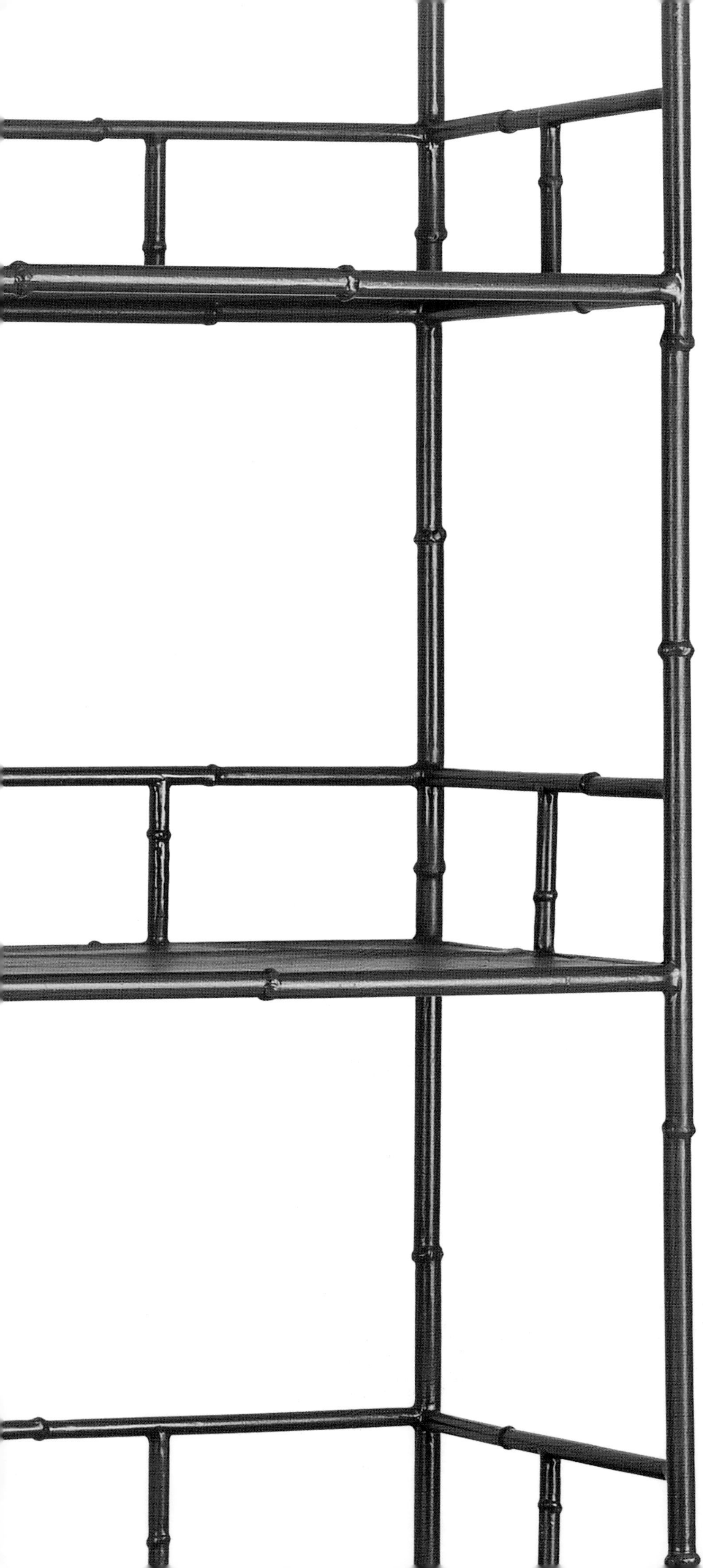

修　筇（仿竹节庋架）

筇，一种竹子，中实而节高，宜制杖，曰『筇竹杖』或『扶老』。

明代区怀年《初度述怀．其二》：『黄尘碧海三山远，锐屐修筇畎亩春。』

睹影知竿，庋架以竹节立形，三面围书，开敞明亮。

长八十厘米／宽三十八厘米／高一百九十六厘米

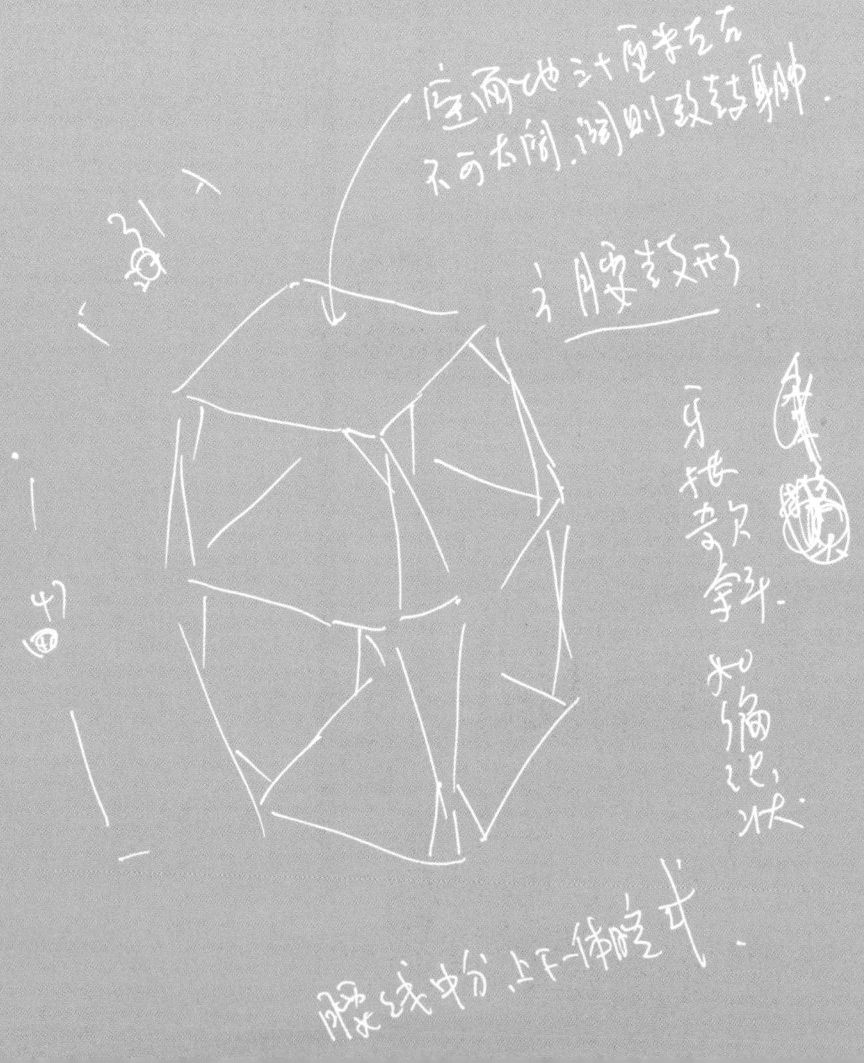
腰鼓形

忘筌

筌，捕鱼之竹篓。

语出《庄子·外物》：『荃者所以在鱼，得鱼而忘荃。』意思是说捕到了鱼，就忘掉了筌。

凡古代家具之凳墩形式，皆源于『鱼筌』『薰笼』（以竹笼覆盖的熏炉）类。

图中凳子作方面，横枨拦腰，于转角处分出八面，结体源于简化的鱼筌，虽有编织意，却无捕鱼之实，得其『忘筌』之警思。

笔者原著《文心飞渡》称之为『得鱼』，不得不忘。

长三十一厘米／宽三十一厘米／高四十七厘米／腰宽四十一厘米

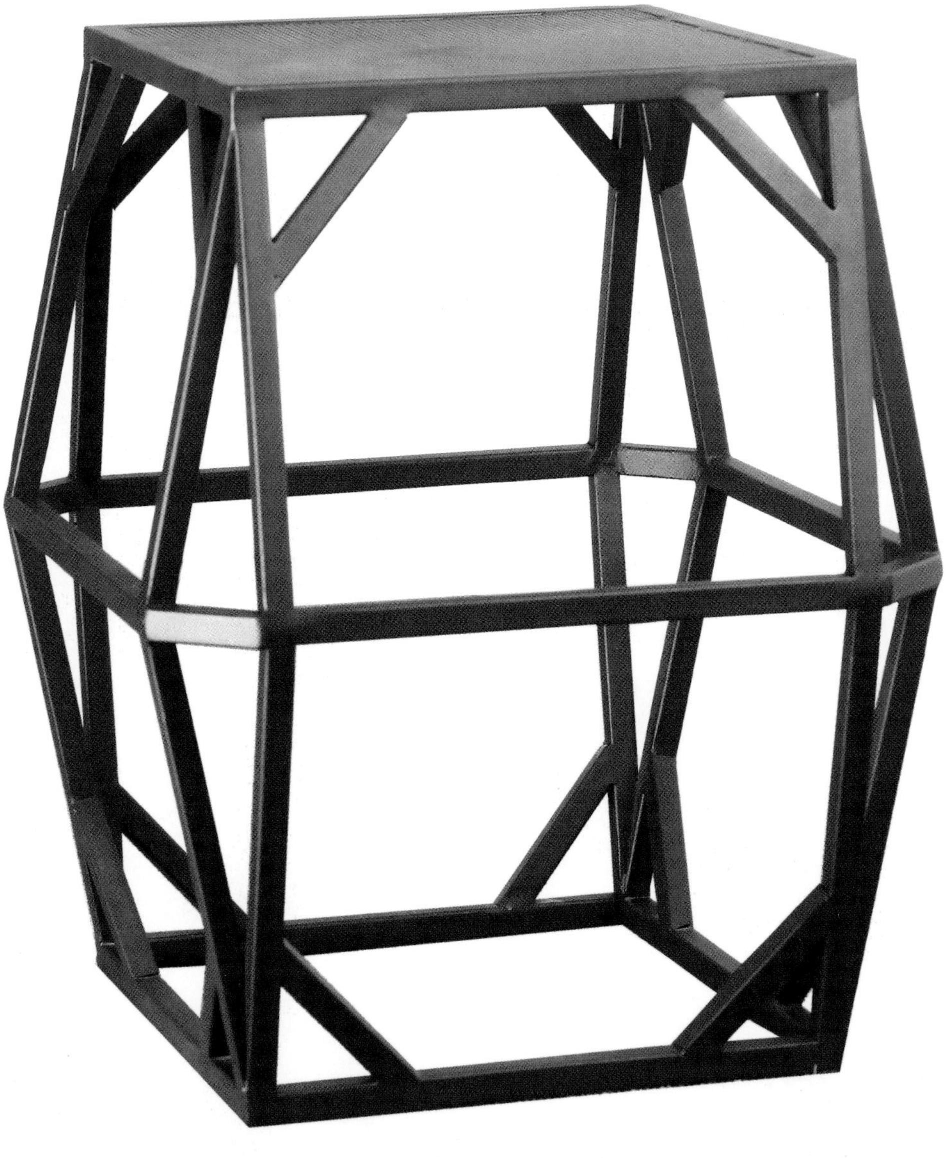

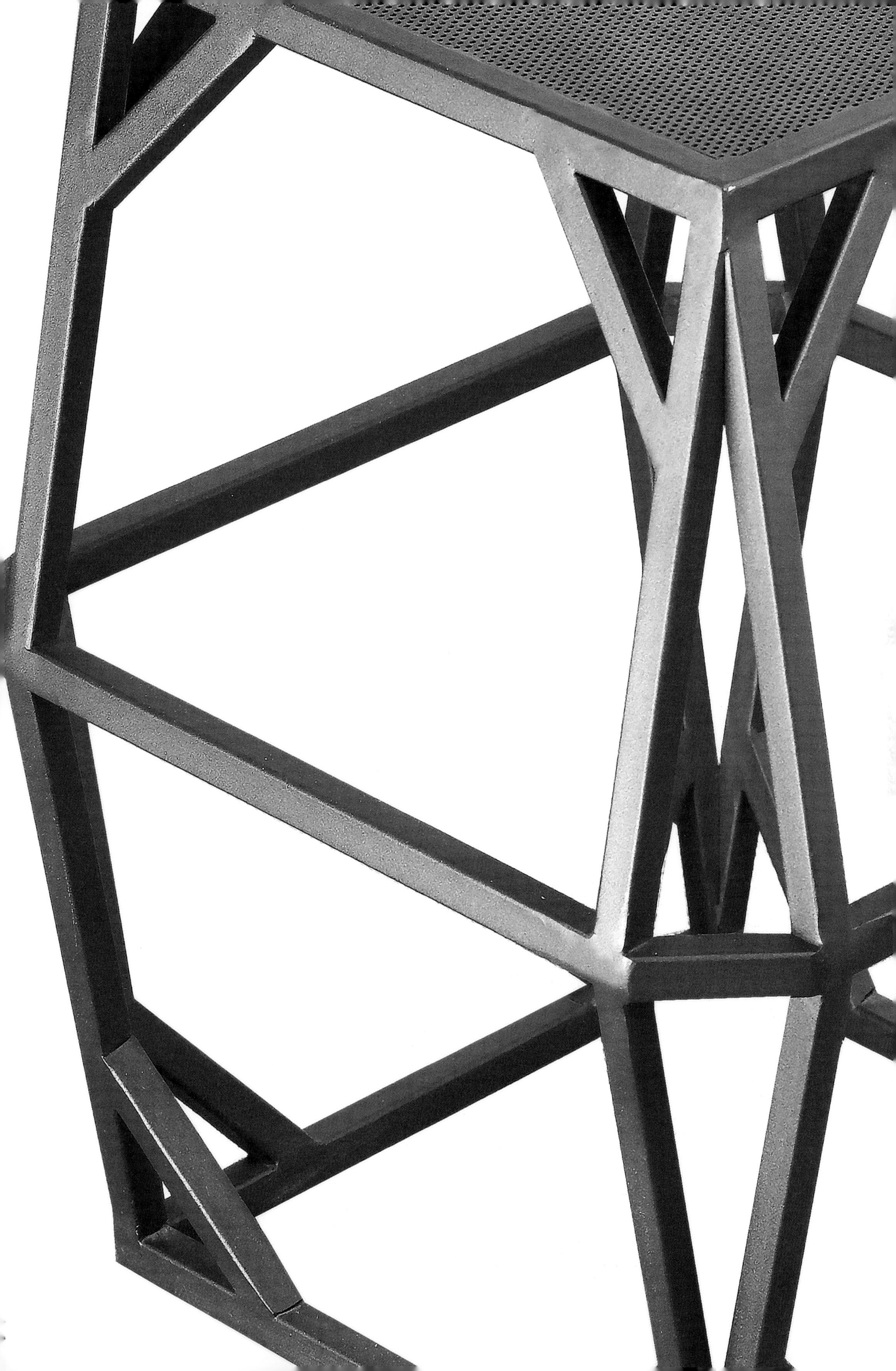

郁弥

浓盛为郁，满盈为弥。
语出屈原《大招》：『茝兰桂树，郁弥路只。』
椅座八方结体，围子作『簇八』格眼，
钢骨铁身，细碎柔之，是谓『郁弥绣作堆』。
脚柱线脚用六方，上下收分奓开，托泥下地。
扶手随沿内倾，作环抱势，介于动与不动之间。
长七十厘米／宽五十六厘米／高六十四厘米／座高四十一厘米

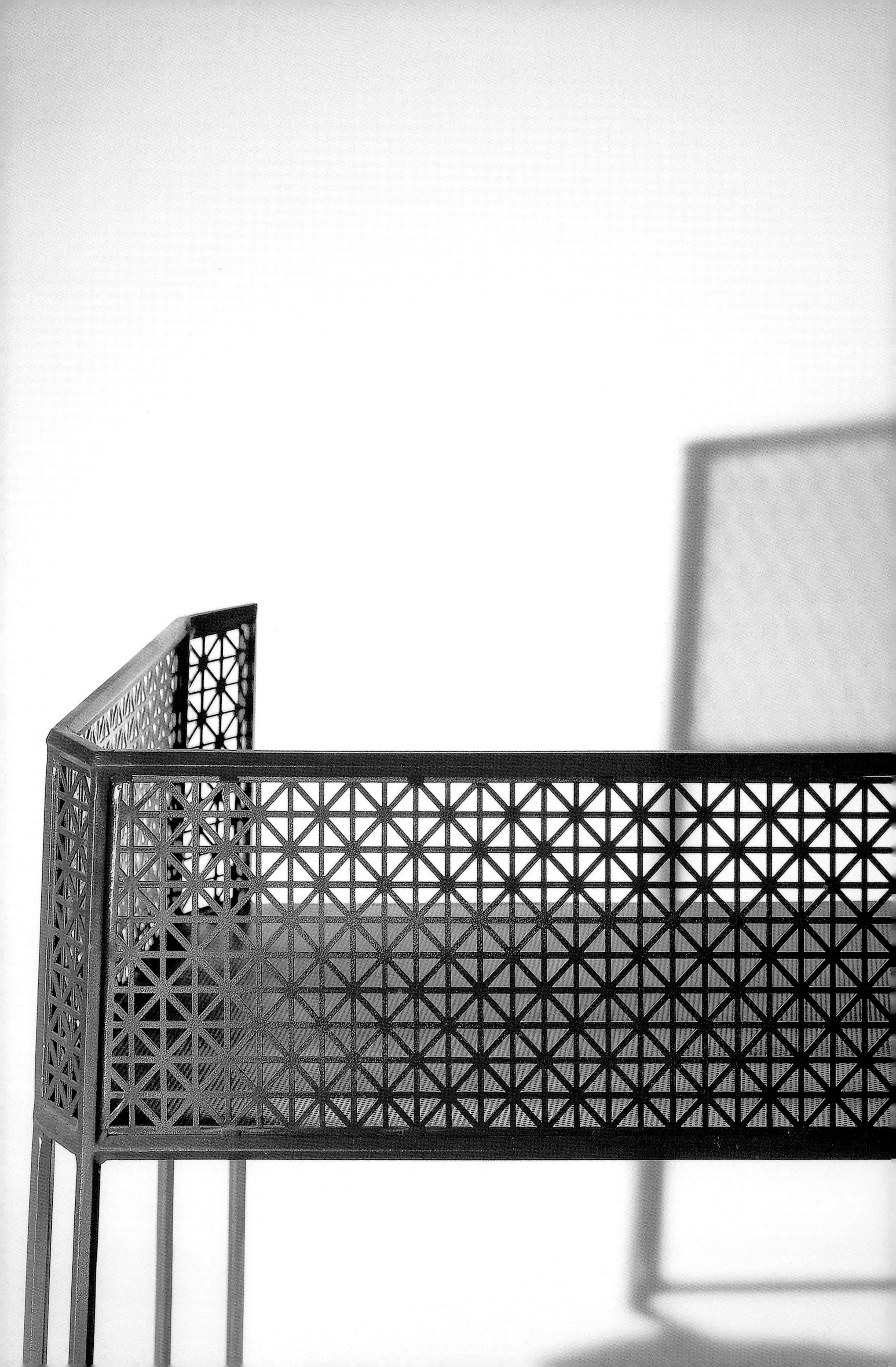

绚素

碧彩灿烂为绚，以白绢绘之谓『绚素』，语出《论语·八佾》：『素以为绚兮』。

座围作『簇八』格眼，四周『梭身』开光，方腿托泥下地。以繁密接映空疏，是谓『绚素』。虽有黯然之形，却有迥异之韵，会当忘言。

长六十六厘米／宽五十厘米／高七十二厘米／座高四十八厘米

右图拍摄于嵩山少林。庚子年暮秋，银杏叶黄，阶上风扫，禅坐一时，愚赋得《寺中叶黄诗》一首：『虚坐生一偈，撒向石阶西。无心逐流水，无意沾淖泥。愁端尽随落，得气还乍起。今期趁山暝，秋风我来藉。』

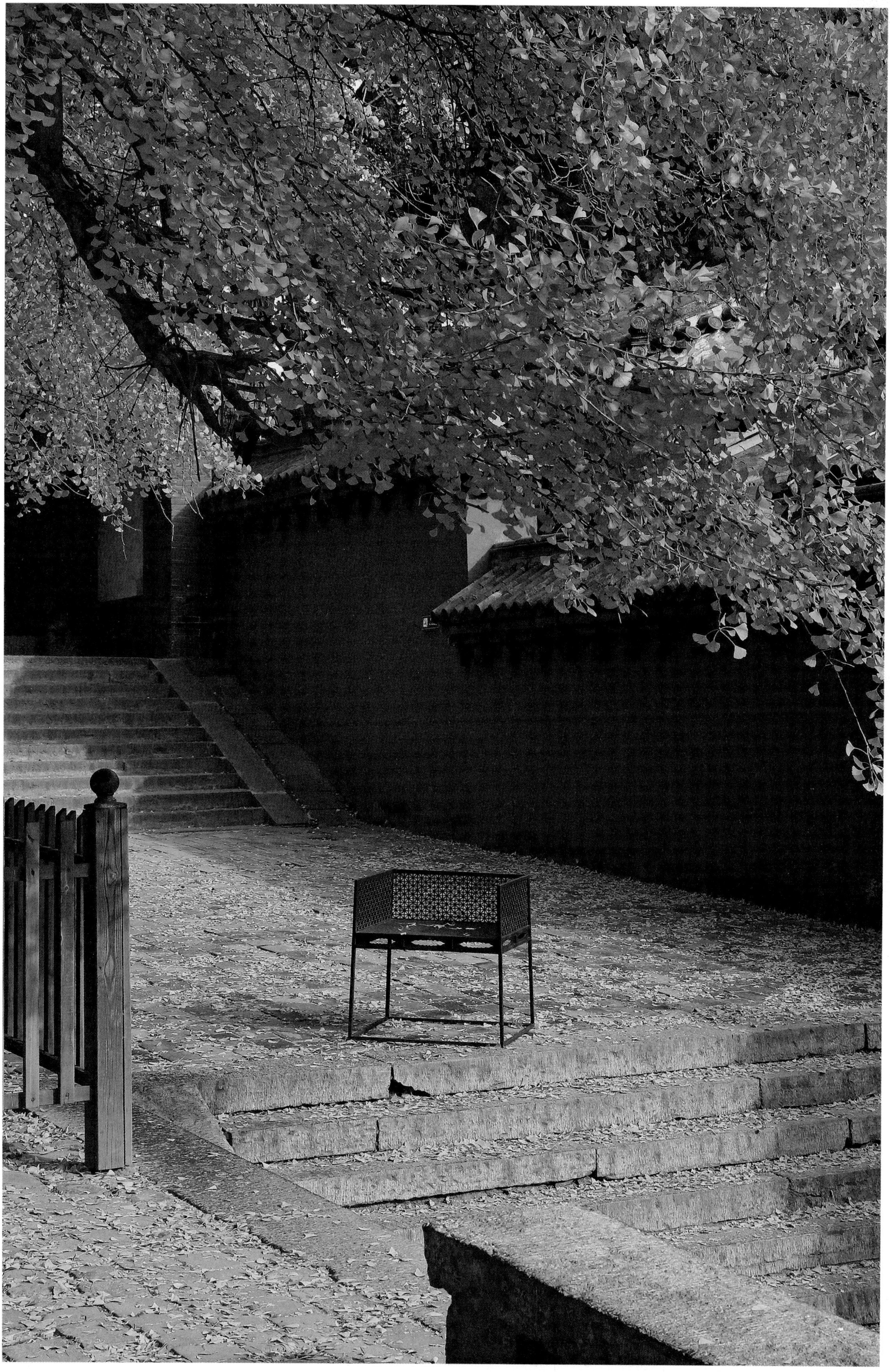

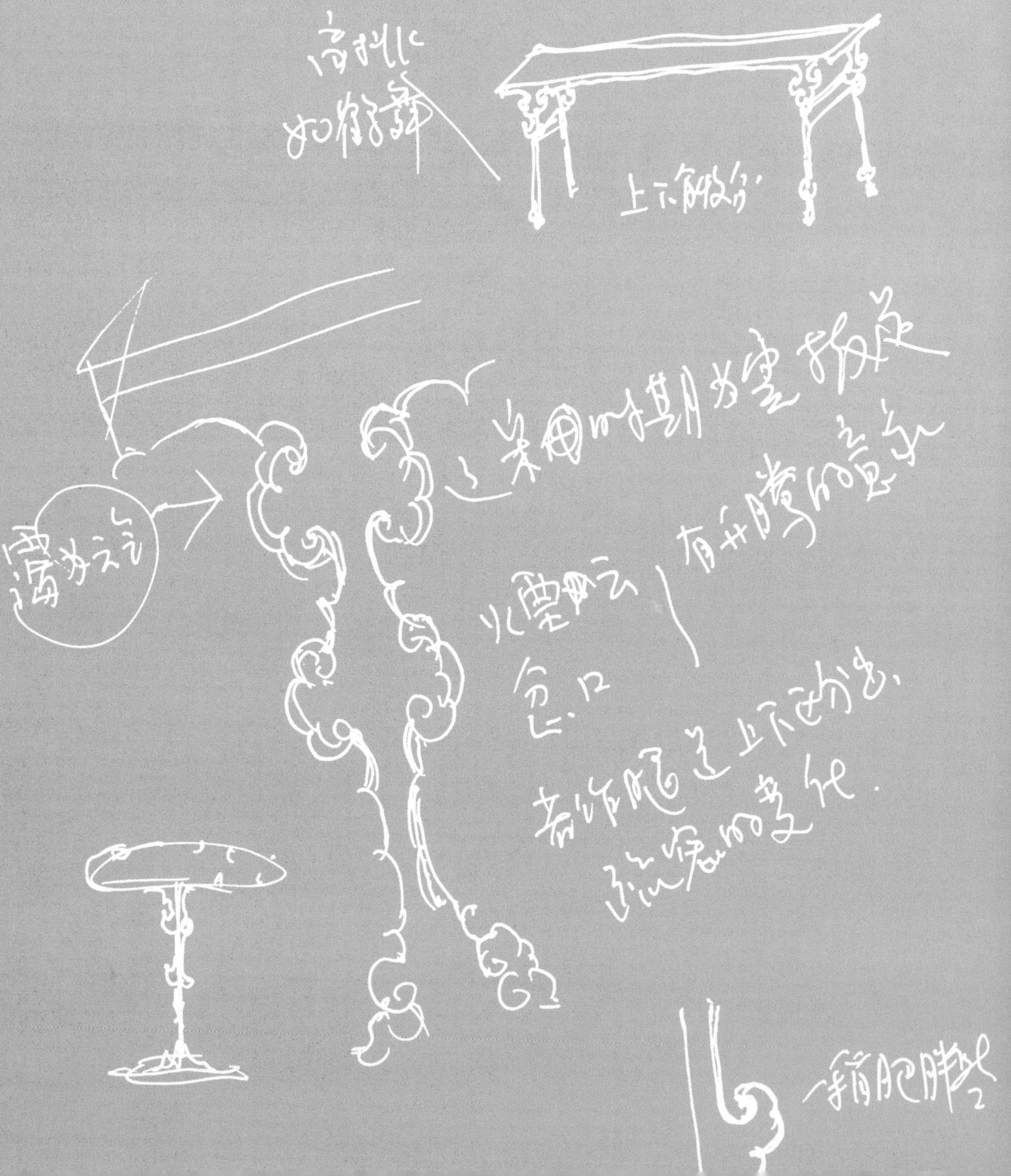
高挑儿
上下部分
有升腾的意象
稍肥胖些

分霱

条案腿牙皆以云头缘边，云气为霱，得名『分霱』。
语出唐人李商隐《微雨》：『初随林霱动，稍共夜凉分。』
宋元时期多有云纹装饰，尤其在桌凳的腿足上装饰云板足。
长一百四十二厘米／宽三十八厘米／高九十八厘米

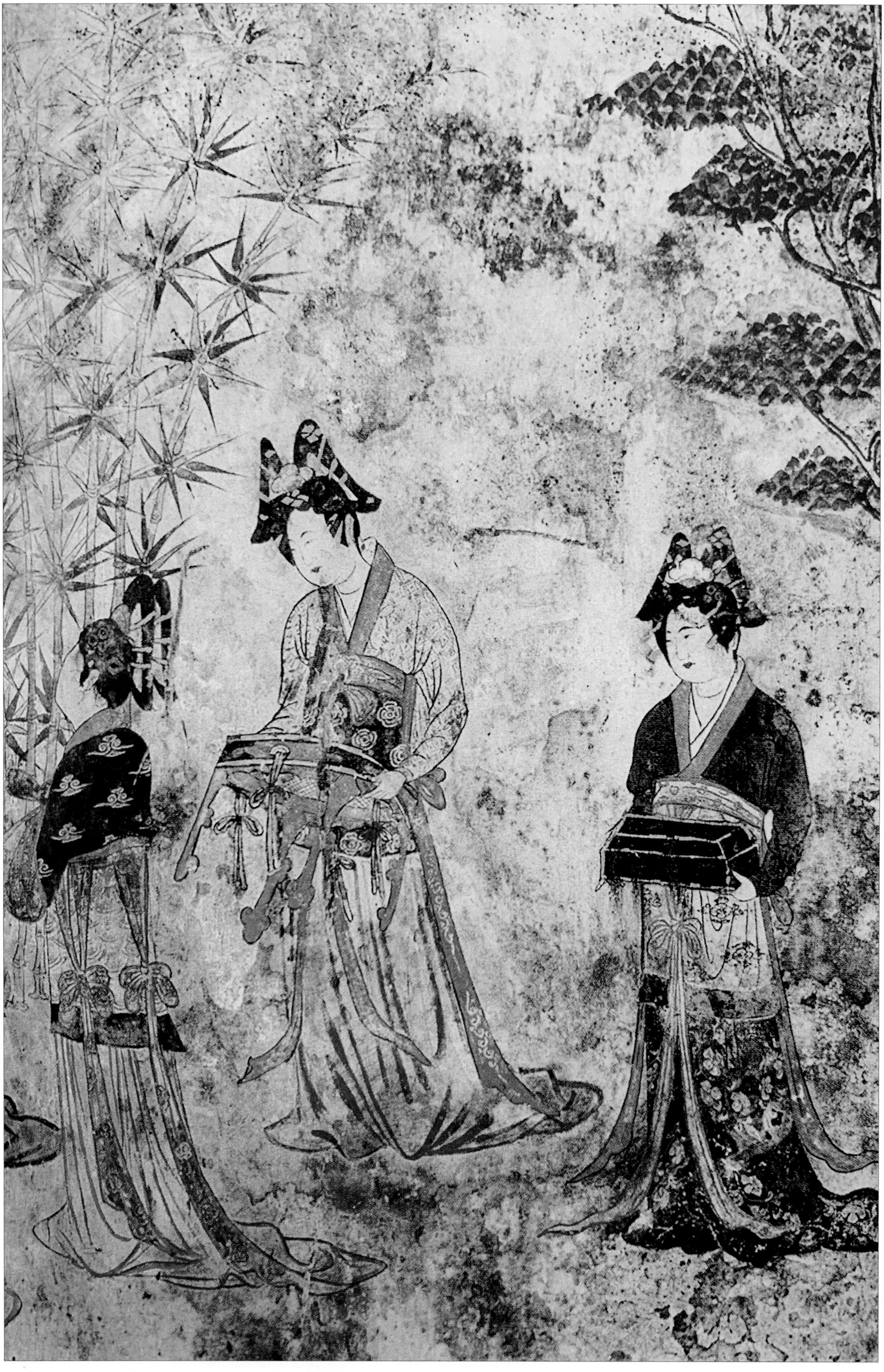

内蒙古赤峰宝山辽代壁画墓中的云纹小绣凳 辽代天赞二年（公元923年）

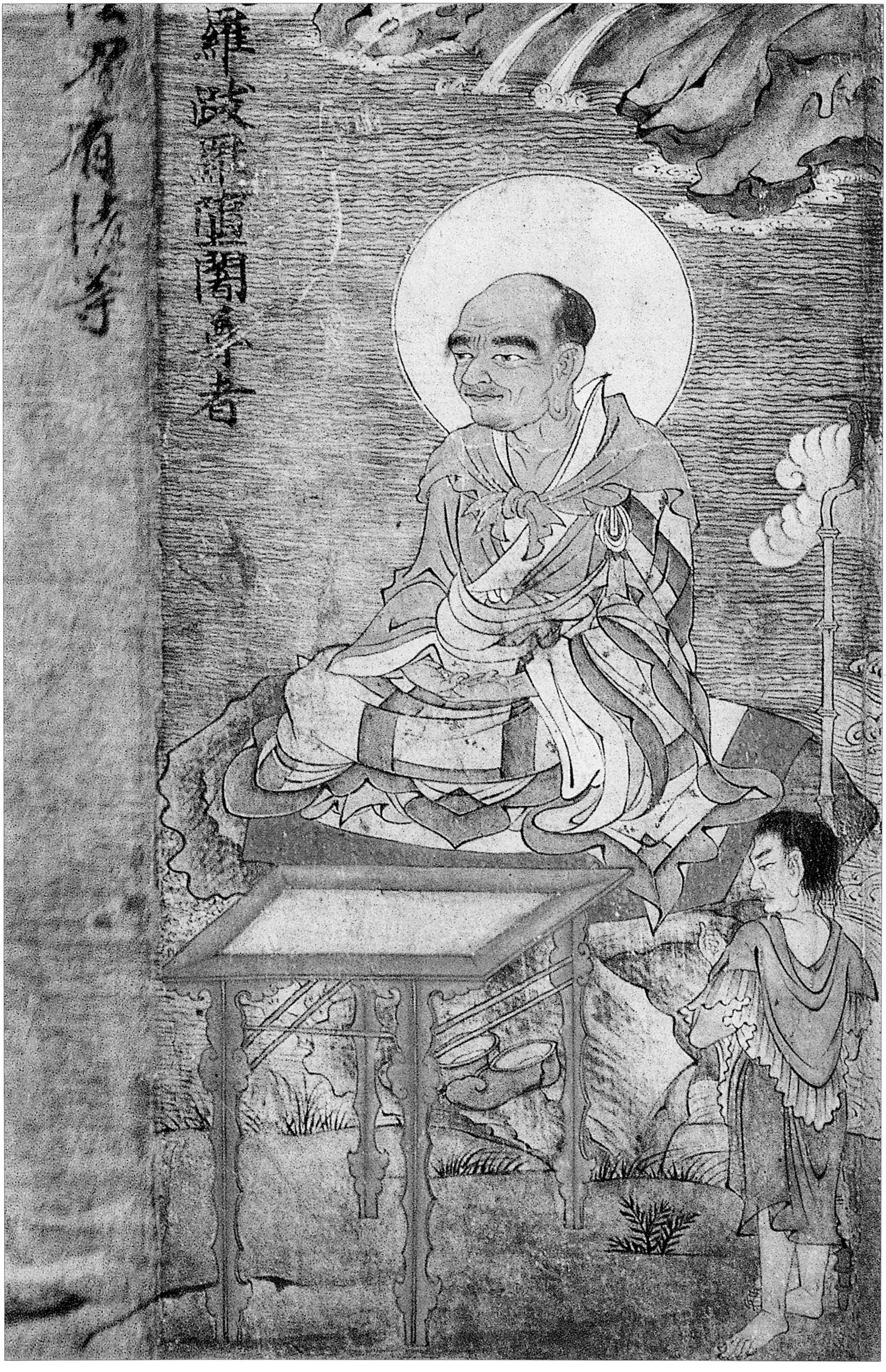

张胜温绘《大理国梵像卷》中的云板小案 大理国盛德五年（公元1180年）

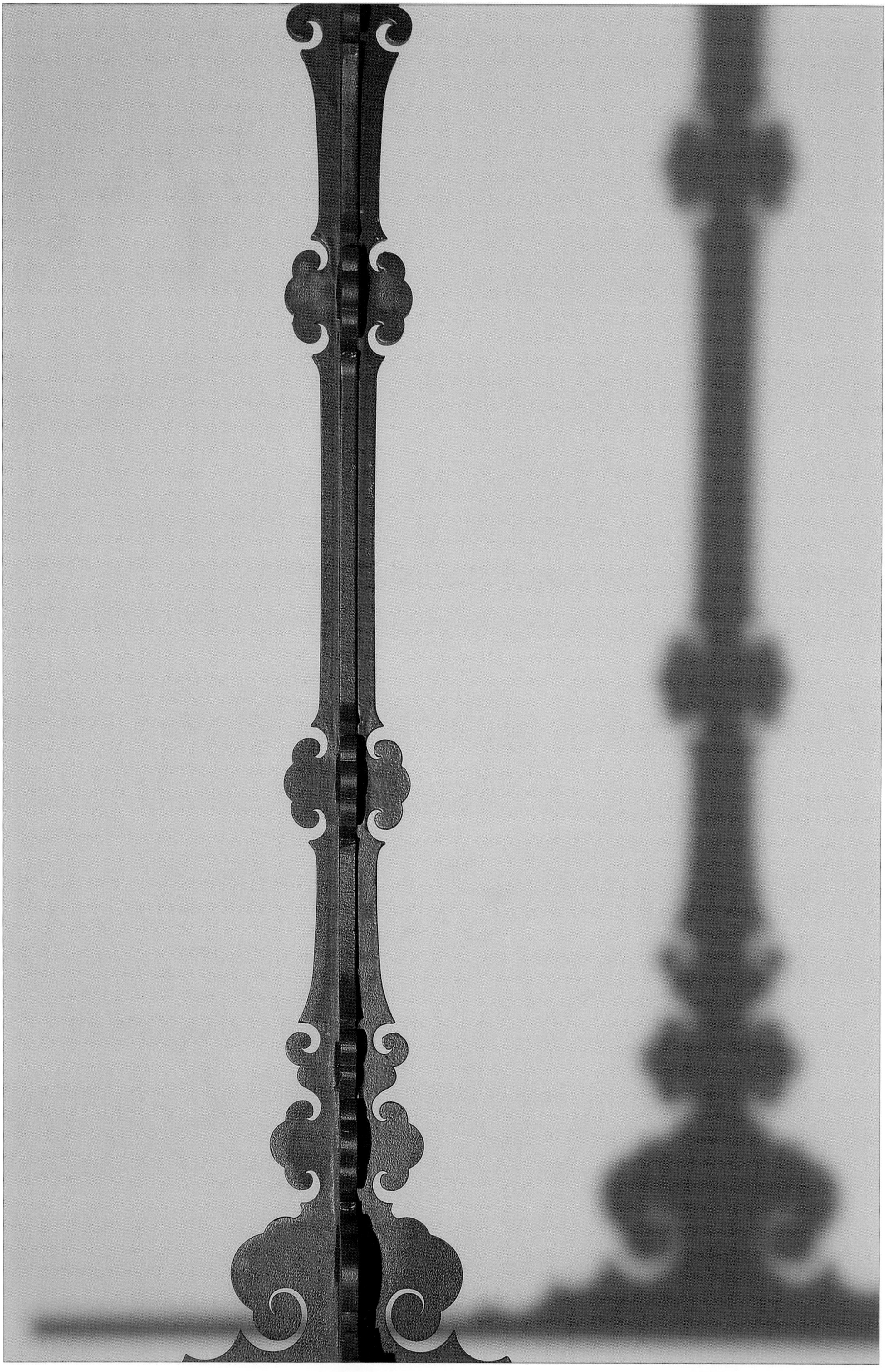

云涌

云彩翻涌突兀，谓『云涌』。语出唐人吴筠《游倚帝山二首》：『俯惊白云涌，仰骇飞泉落。』

圆桌以云纹缘边，十字交擎柱，云头镂空，上下以挖缺牙子抵撑。结体犹如云气升发翻涌，故曰『云涌』。

长六十二厘米／宽六十二厘米／高七十八厘米

蹈足

足之跳动曰『蹈』。

语出宋人曾丰《爱山堂》诗意：『达者蹈足，恚者仄目。』

据汉代《毛诗序》说：『情动于中而行于言，
言之不足，故嗟叹之；嗟叹之不足，故咏歌之；
咏歌之不足，不知手之舞之，足之蹈之也。』

长案方翘头，两端喷出，腿牙大挖缺，
云头足（古人曾以云头履为风尚），以一个『蹈』字带出动态。

凡案子之翘头（古称卷耳），大如展翼之状，通常为庙堂之供器，
其引力与人情相背，可远观而不能随意而置。
小者寸余，最为耐看，
尤其小而方者，多为书室斋物，乃清供。

长一百六十二厘米／宽四十八厘米／高八十厘米

〔明〕仇英《西园雅集图轴》（局部）
壶门托泥画桌、云板足托泥画桌、匡椅、出头椅、鼓凳

雁落

椅座围子作横栅绞角造，
四面券口空净，挖缺云纹足，带托泥。

鸿雁何来？在于腿足之意，腿足之卓尔，
如鸿雁『既落则沙平水远，意适心闲，朋侣无猜，雌雄有叙。』
得名于古琴曲《雁落平沙》。

长六十六厘米／宽四十八厘米／高七十五厘米／座高五十一厘米

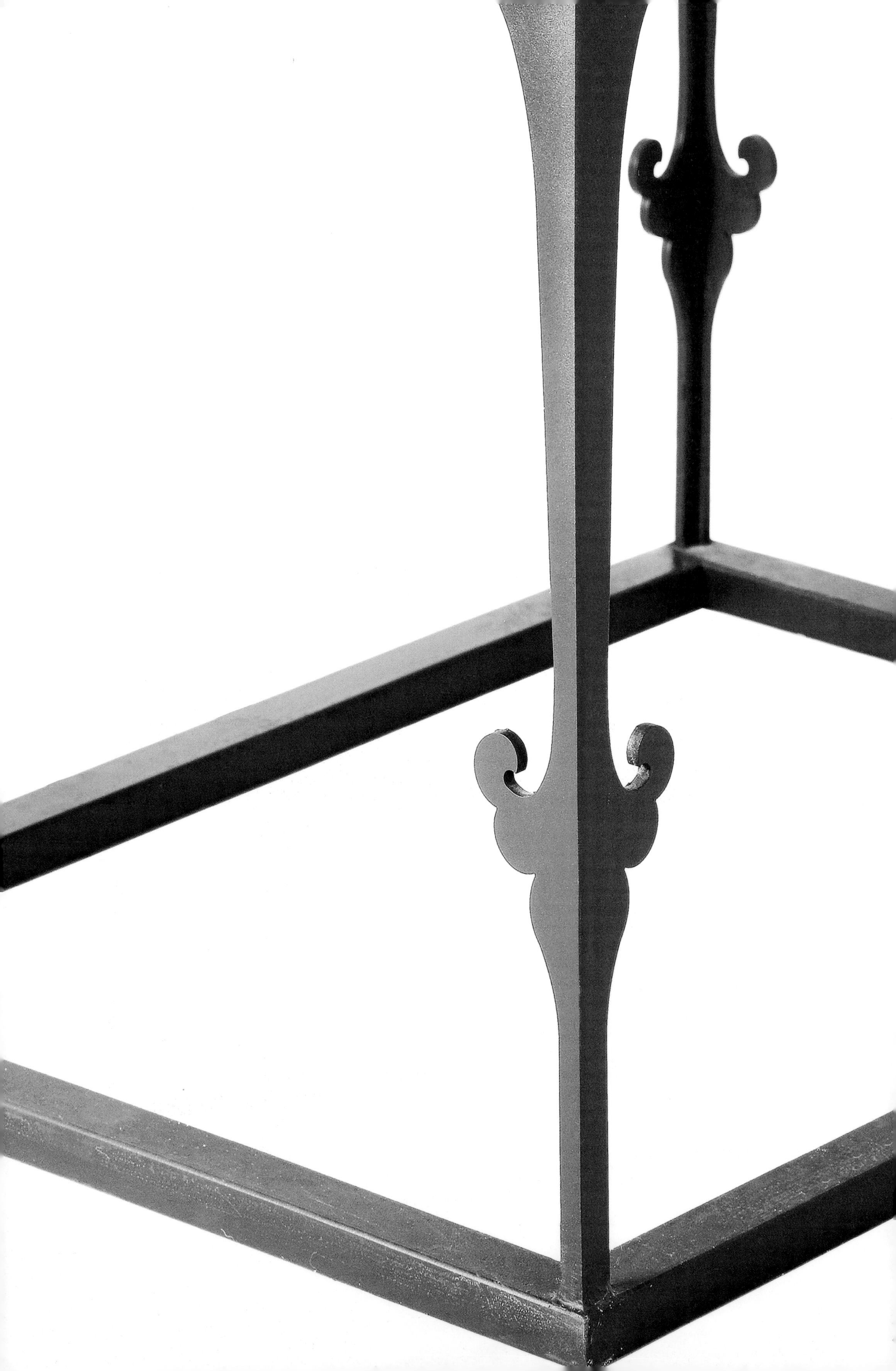

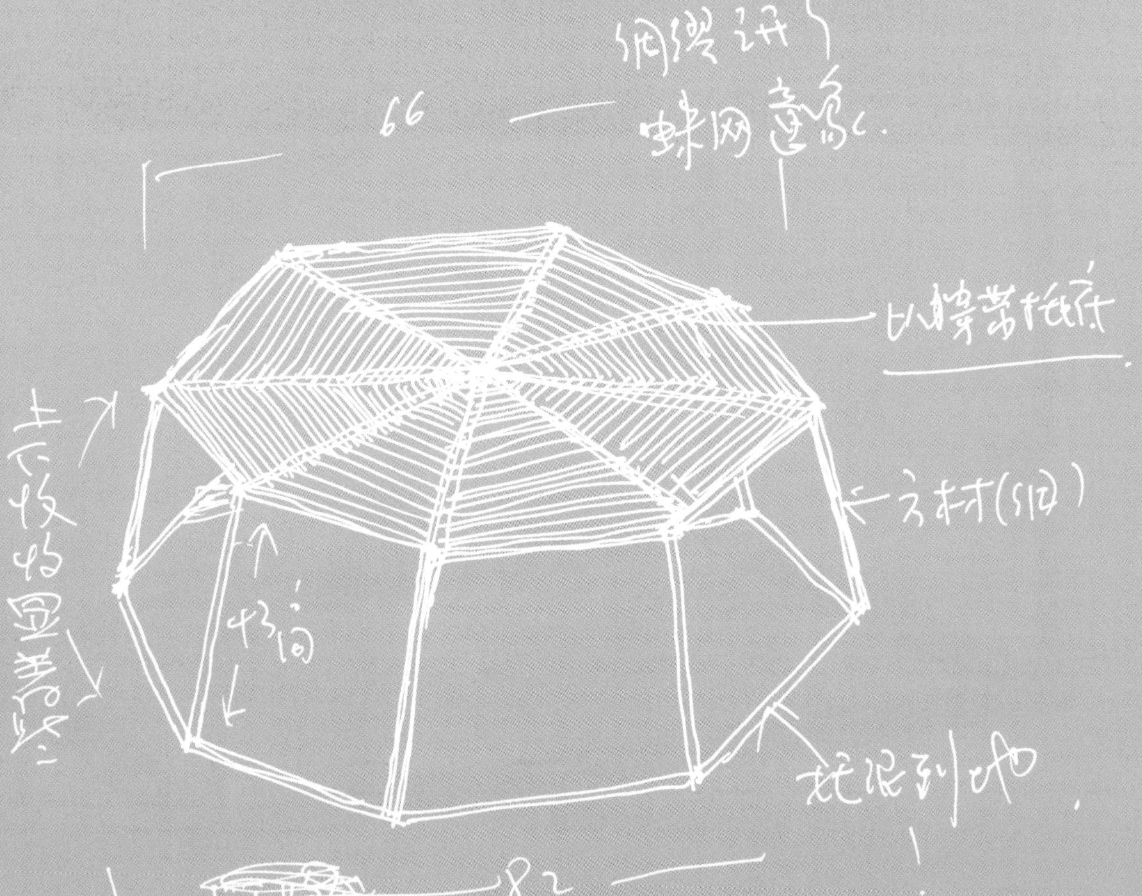
66
蛛网意象
方材(旧)
82

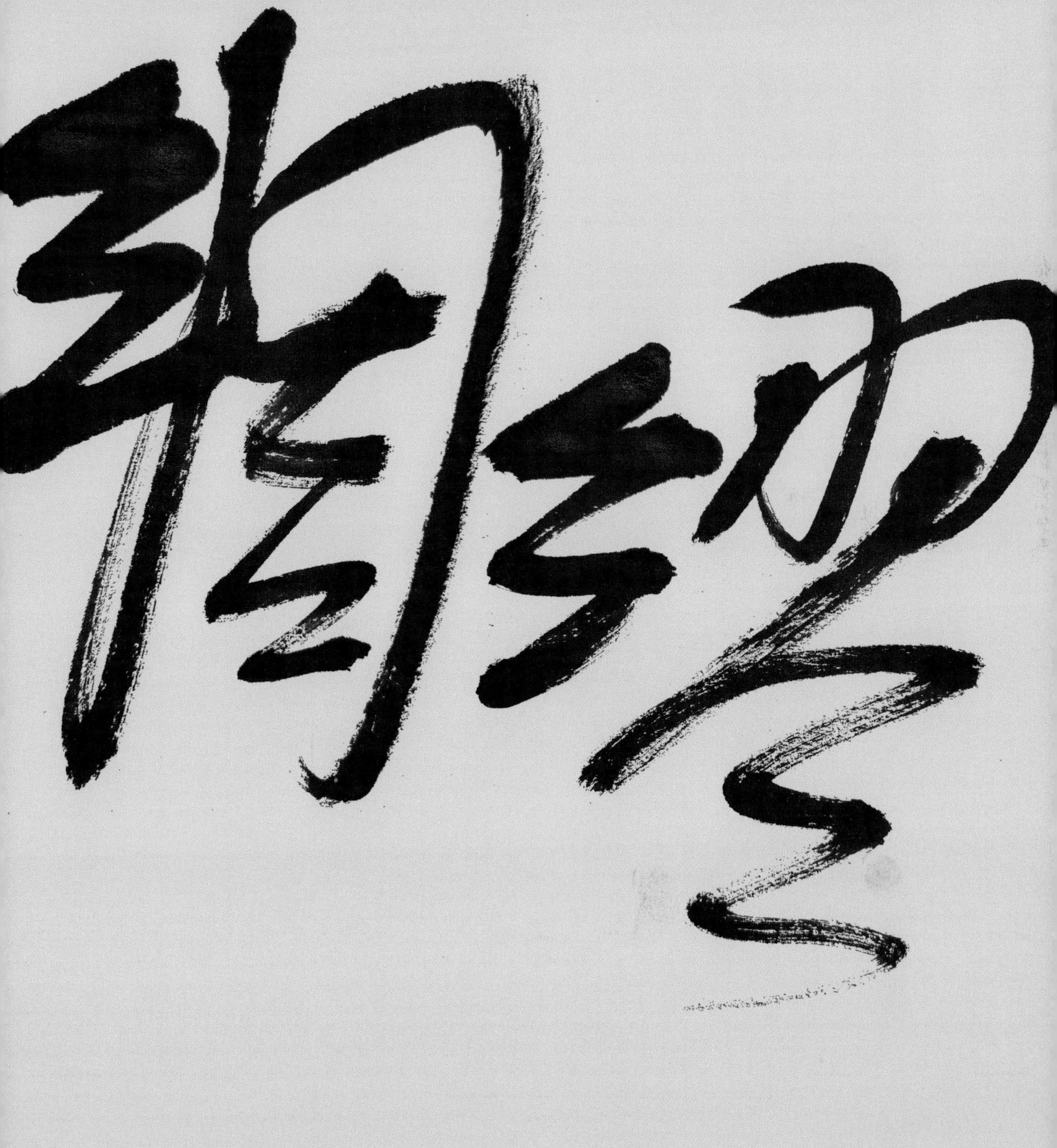

绸缪

紧密缠缚谓之『绸缪』，引申为『修缮』。语出《诗经·豳风·鸱鸮》：『迨天之未阴雨，彻彼桑土，绸缪牖户。』

禅凳结体呈八角形，上下带收分，座面向心重八方棂空，穿带八出，腿足加托泥。乍看如蛛网缠缚，思来万物同生，蜘蛛亦可未雨绸缪。禅家乘静，道家乘虚，凭此坐忘。

长六十六厘米／宽六十六厘米／高四十三厘米

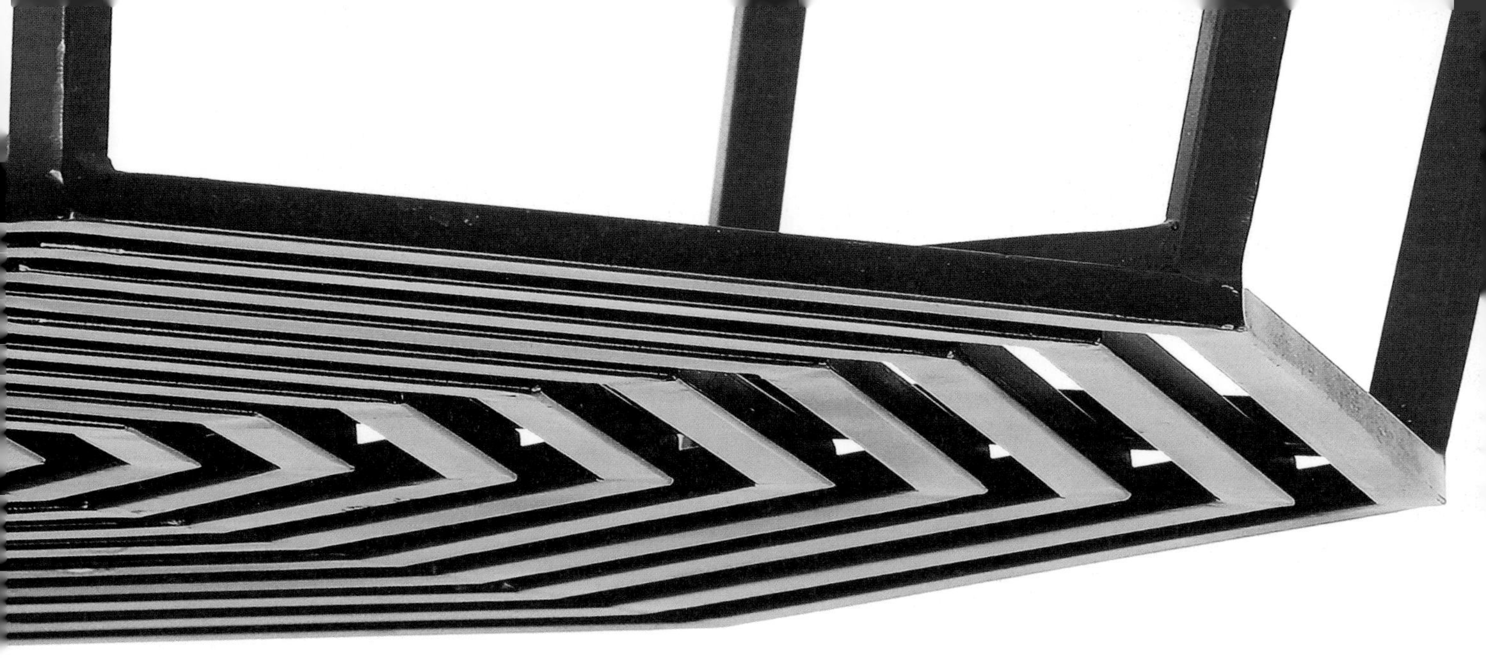

四川成都文殊院花窗样式

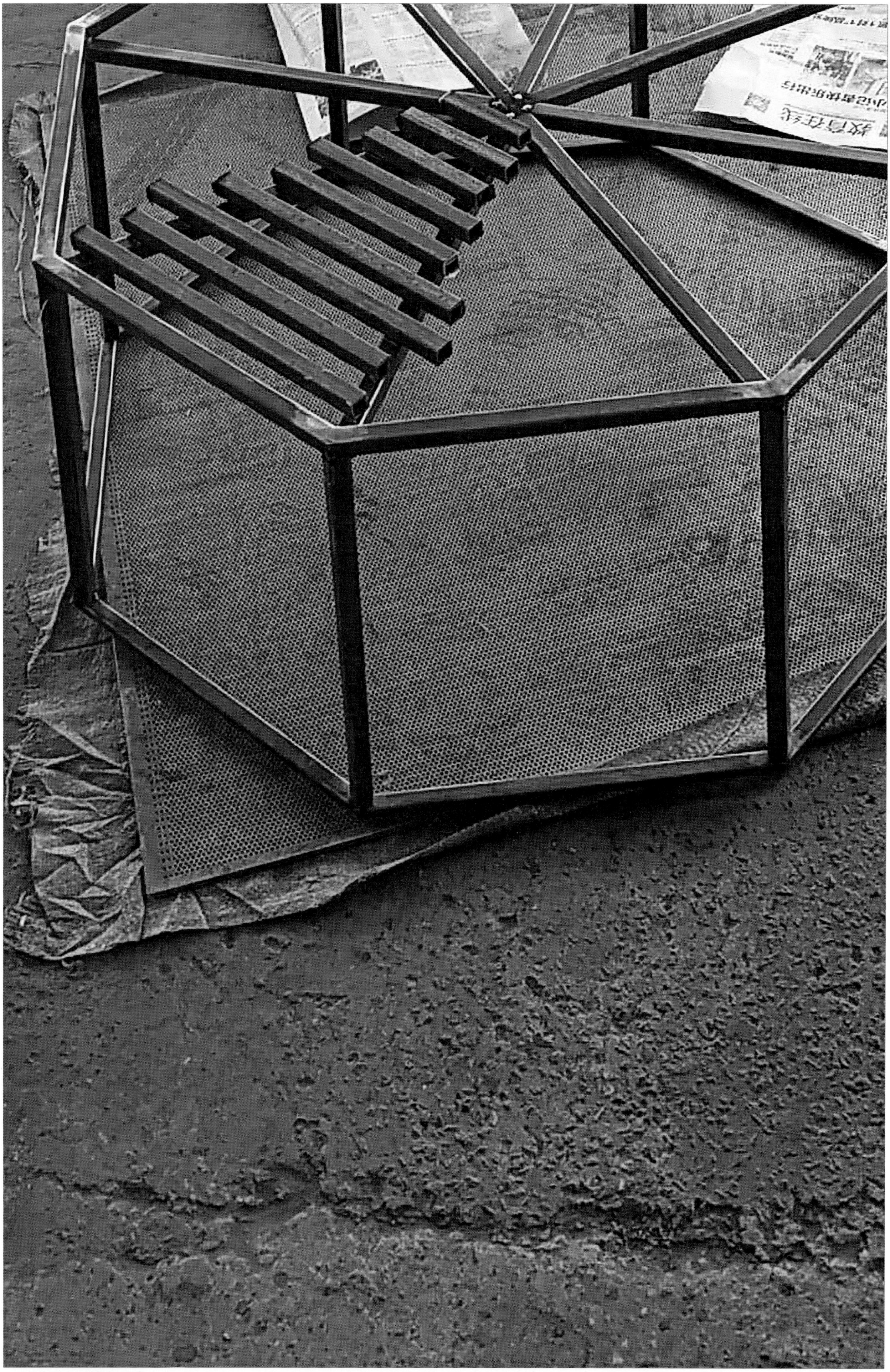

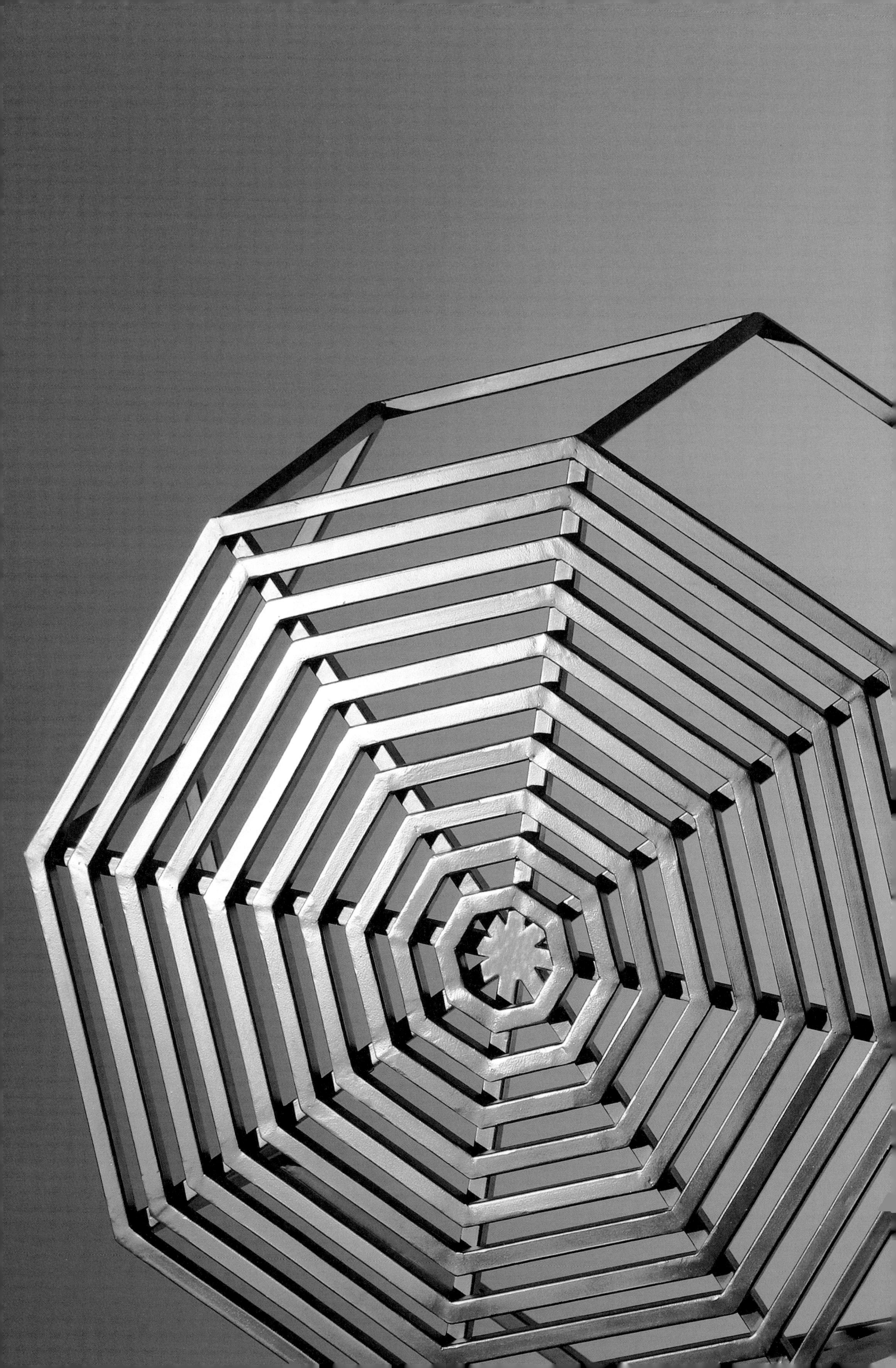

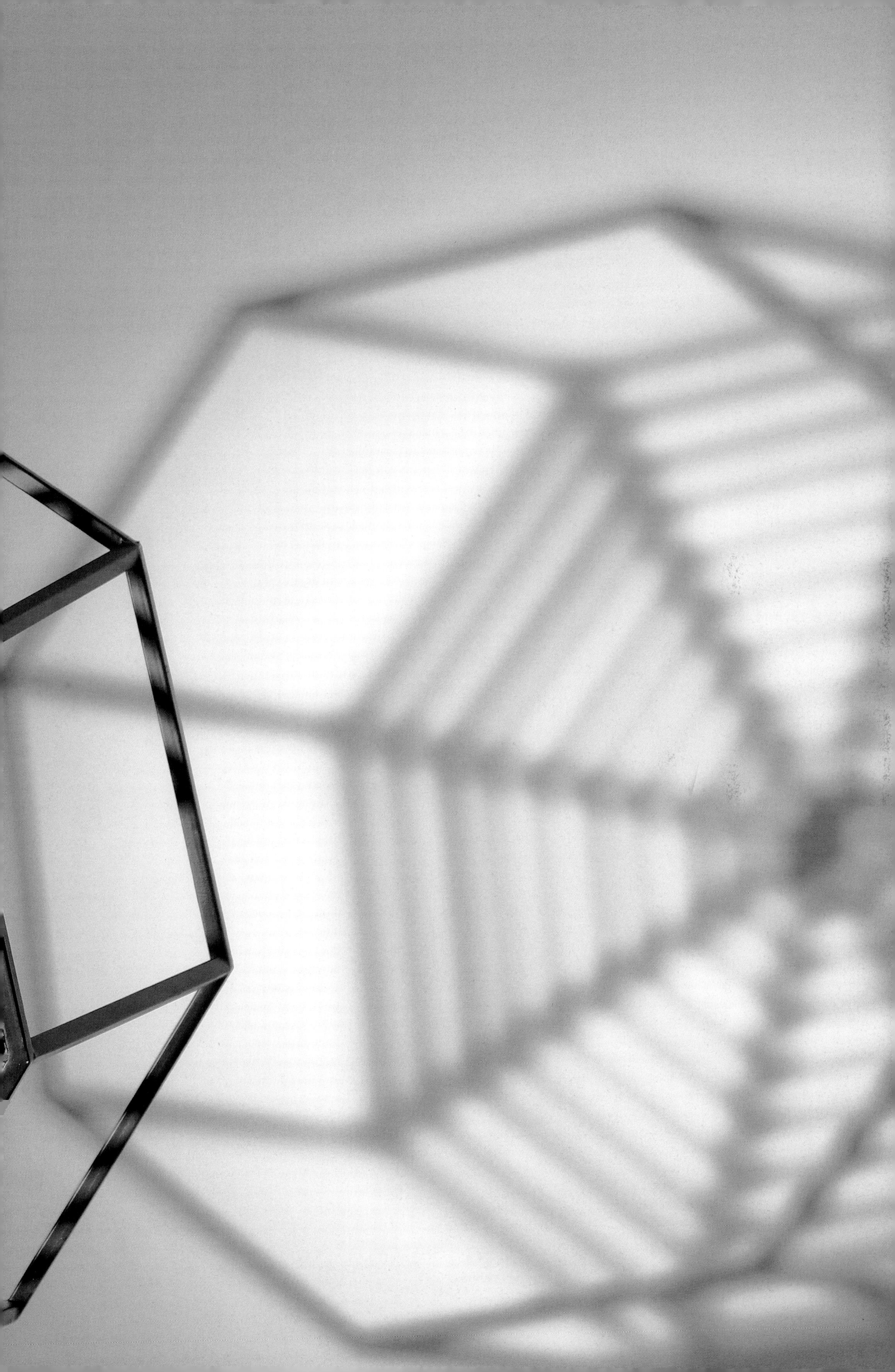

浮空

澹然空荡谓之『浮空』。

语出唐人徐敞《月映清淮流》：『遥夜淮弥净，浮空月正明。』

禅凳方面带收分，腿框内另装有子框，四周以小矮接连呈悬浮状。结体既开敞，又精严，或容膝浅坐，或结跏趺坐。

长六十二厘米／宽五十六厘米／高四十六厘米

附宋人司马光《和张文裕初寒》诗意：『暂息登山屐，休脂下泽车。所安容膝地，何必更多余。』

右图摄于嵩山少林寺，为延斌法师禅坐。

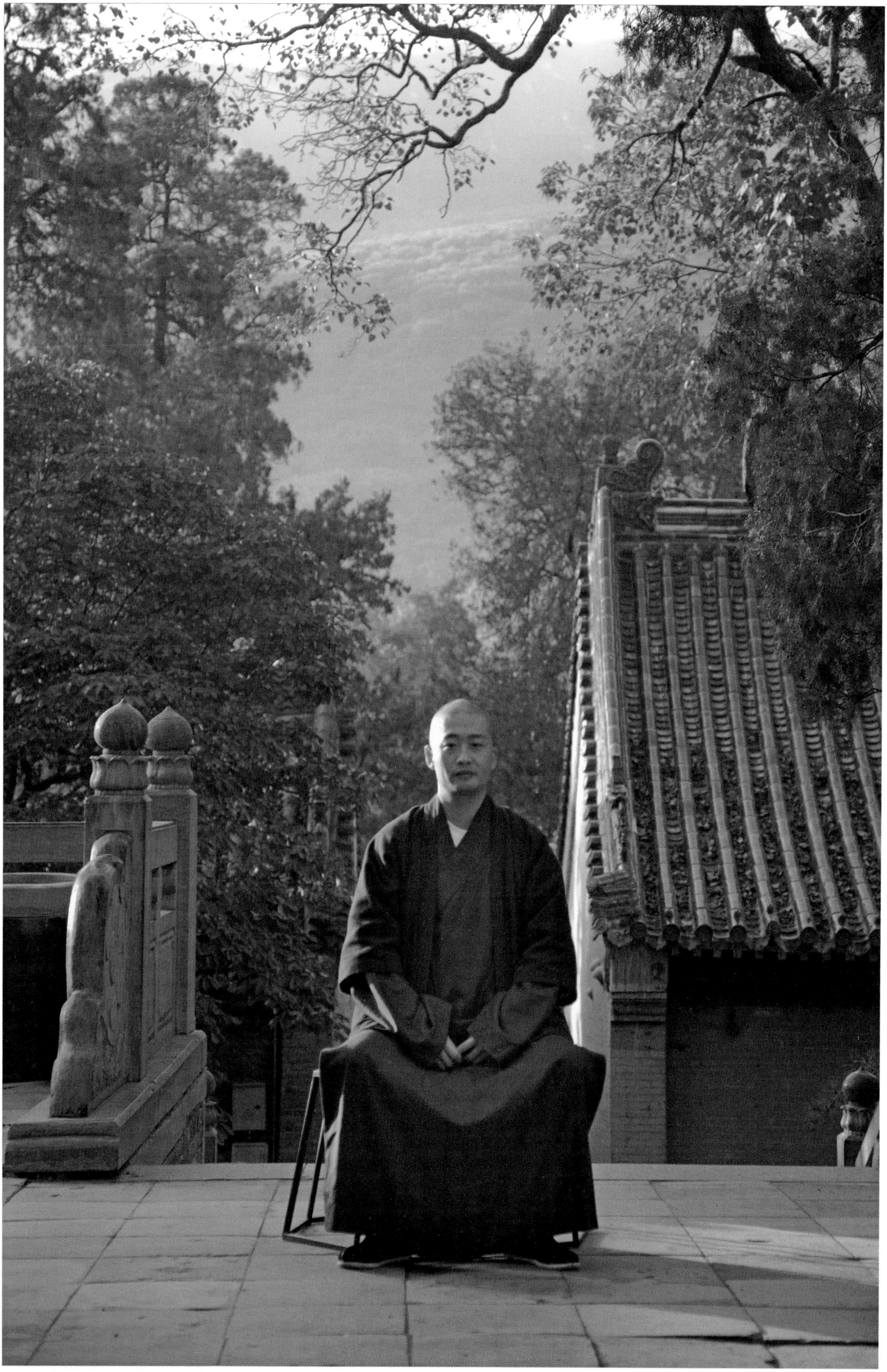

浮空禅榻

长一百九十厘米／宽八十六厘米／高四十六厘米

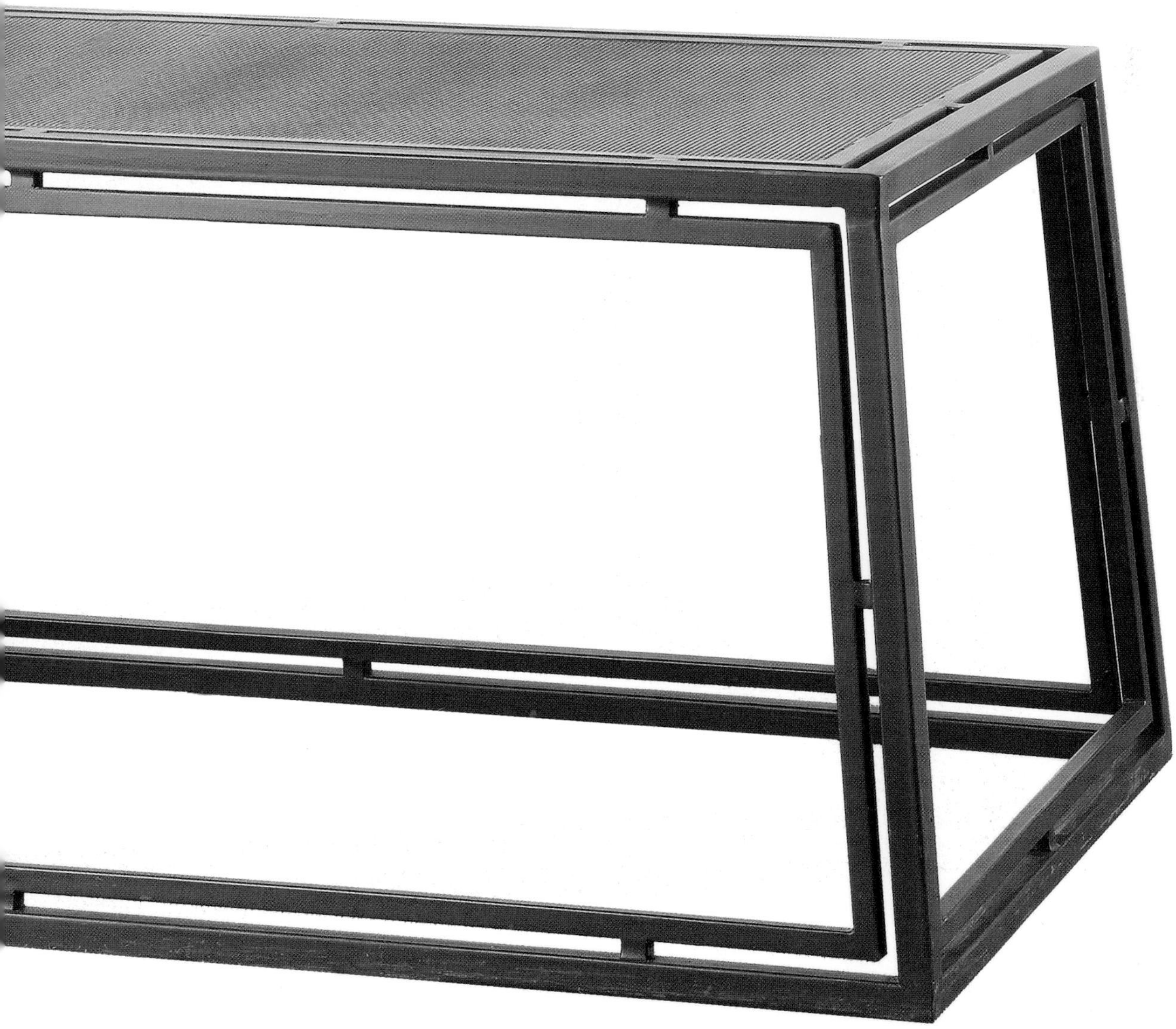

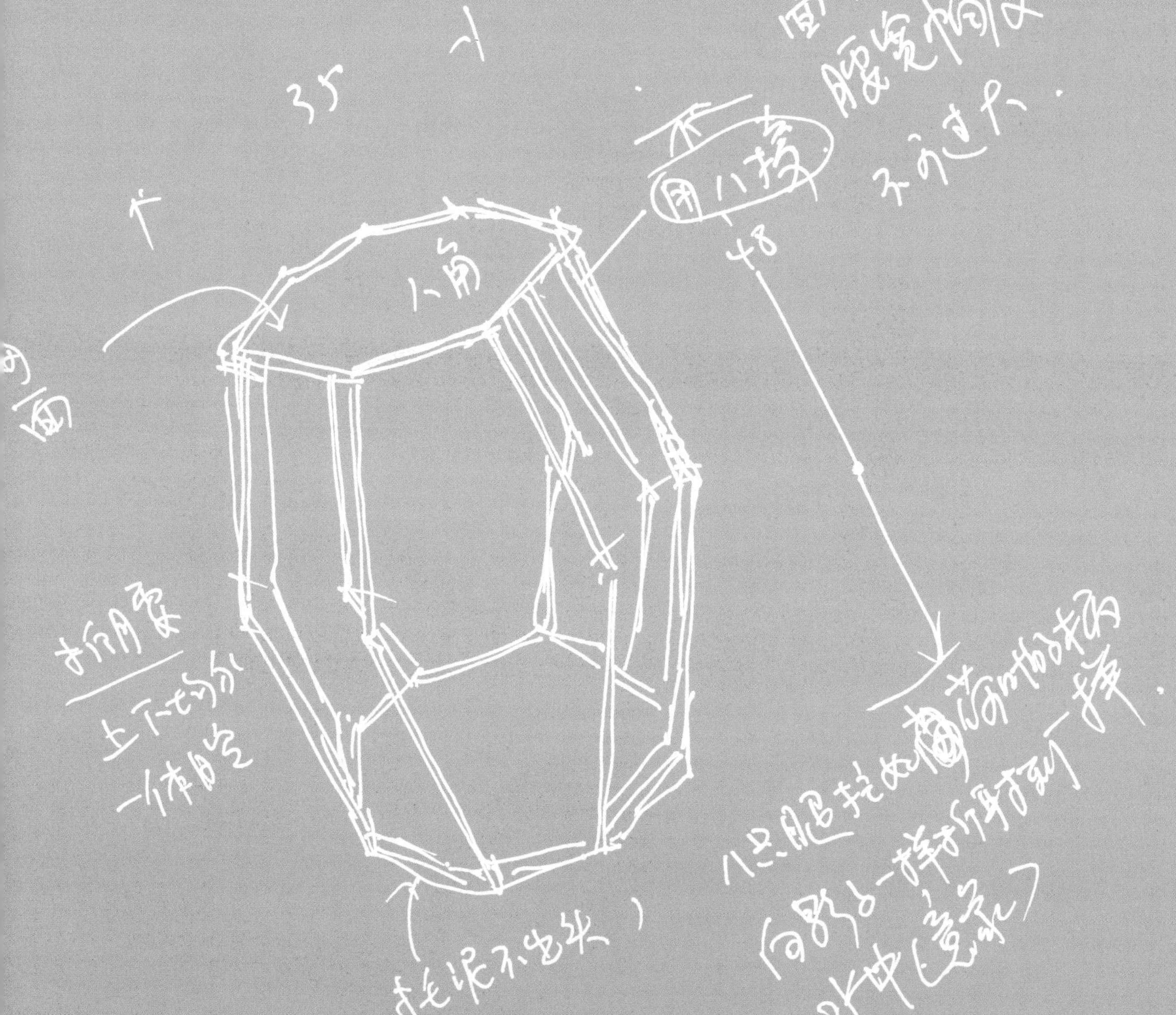

35
八角
用八棱
48
托泥不出头

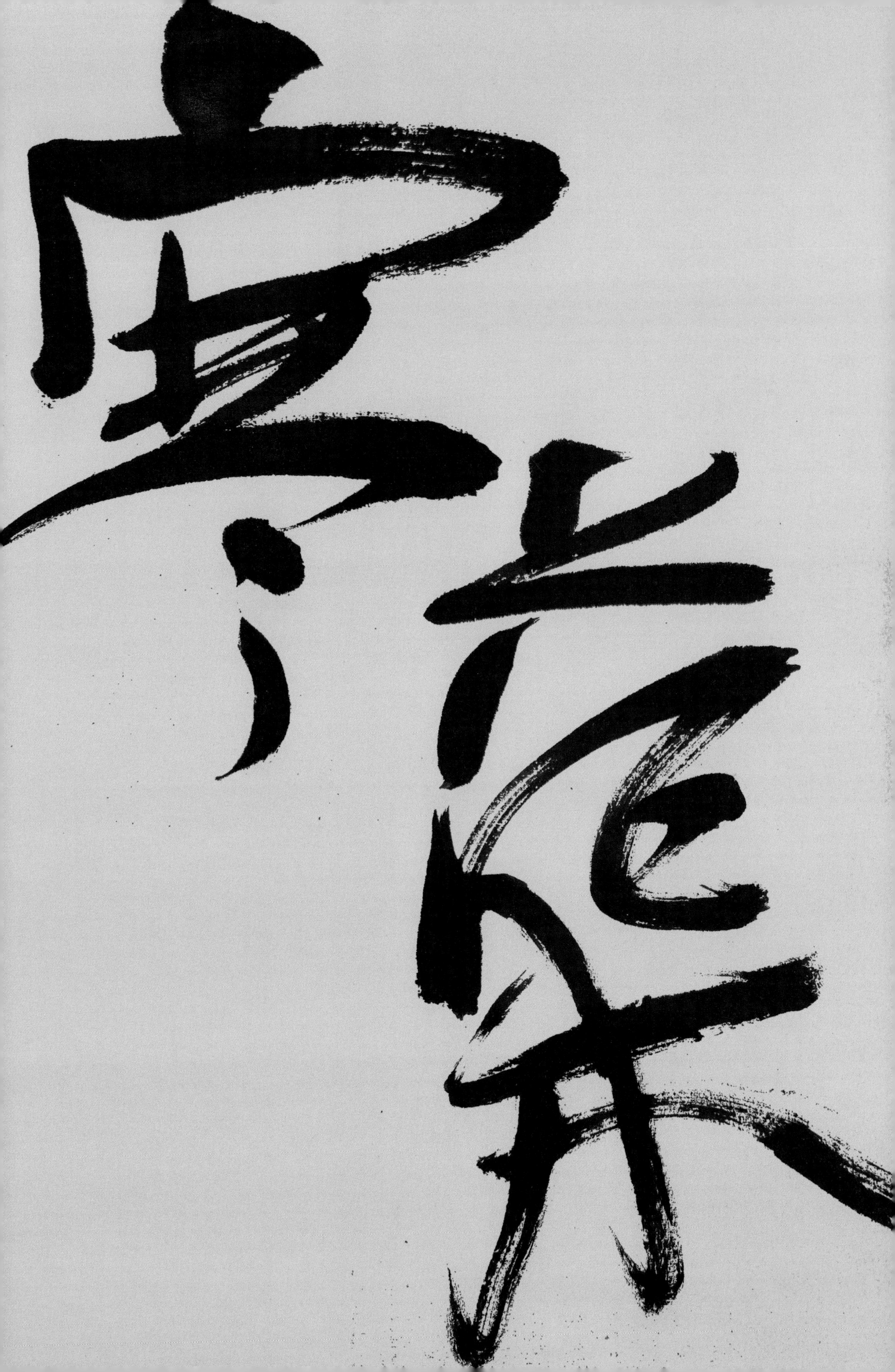

寒蕖

蕖即芙蕖，荷花别称。寒蕖，意指寒塘残荷。凋零在池，芬芳吐尽，无取悦之色，无摇曳之姿，干瘪数茎，倒映于水中，浊清不嫌。

取残荷稀疏之茎，假借为凳子腿足，名曰『寒蕖』。

凳子座面呈八角形，上下一体腔式，拦腰硬折外括，唯镔铁可以省略牙条，且不改其坚，纵横线宽一致，不忍再增减，可谓『秀拔天骨，清臞玉立』。

长三十五厘米／宽三十五厘米／高四十八厘米

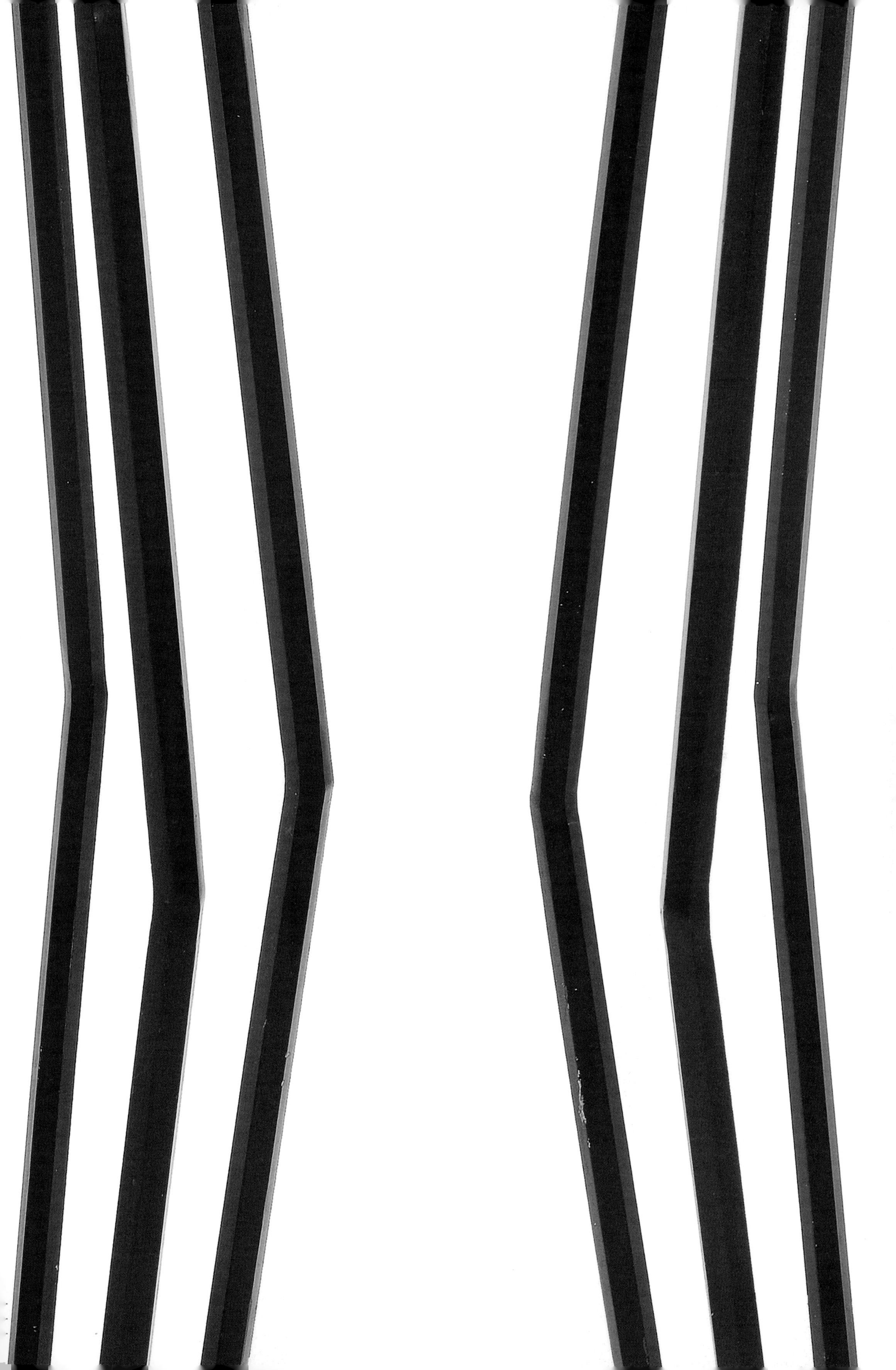

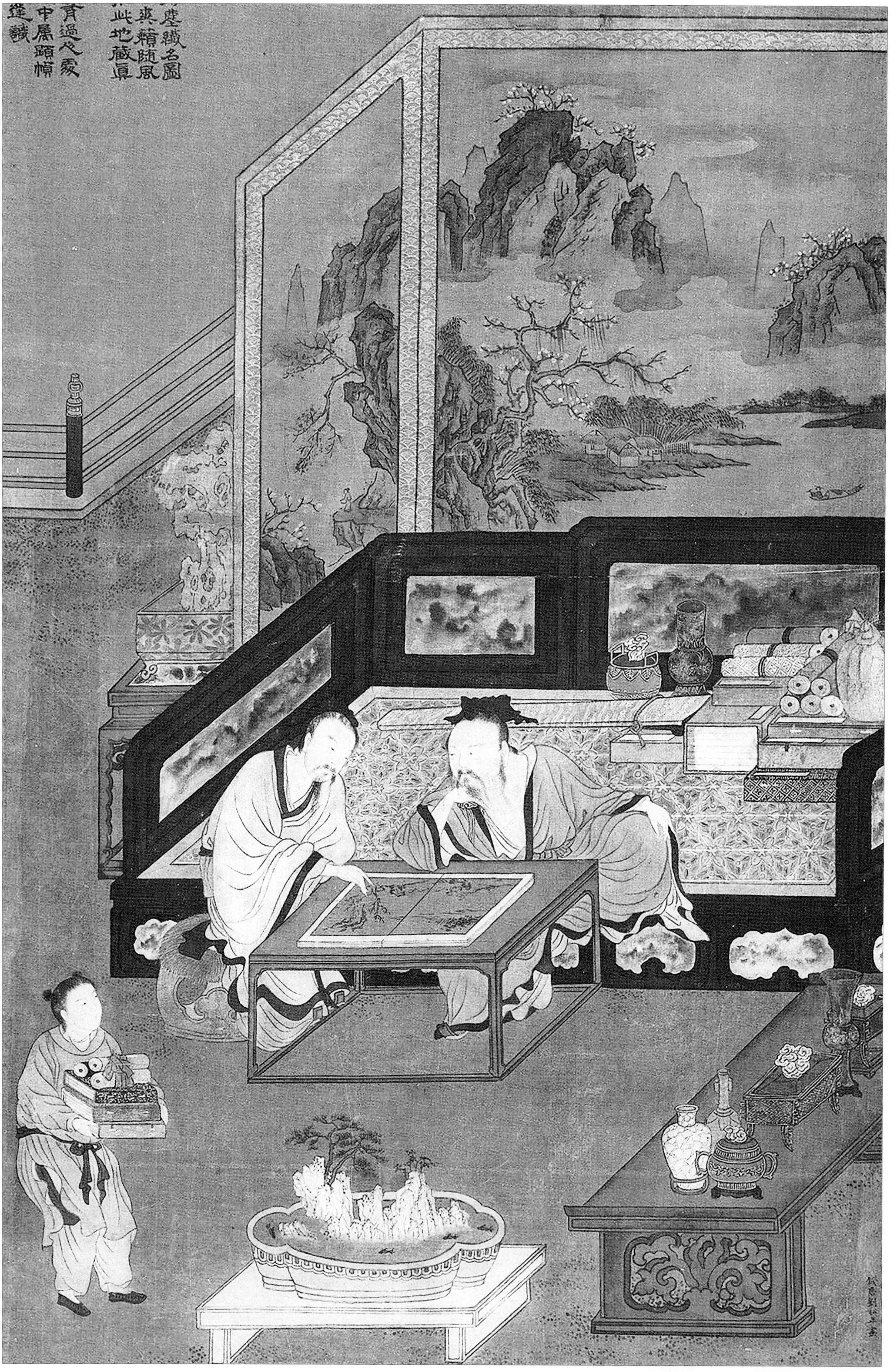

〔宋〕刘松年 观画图（局部）

〔唐〕周昉 演乐图轴（局部）

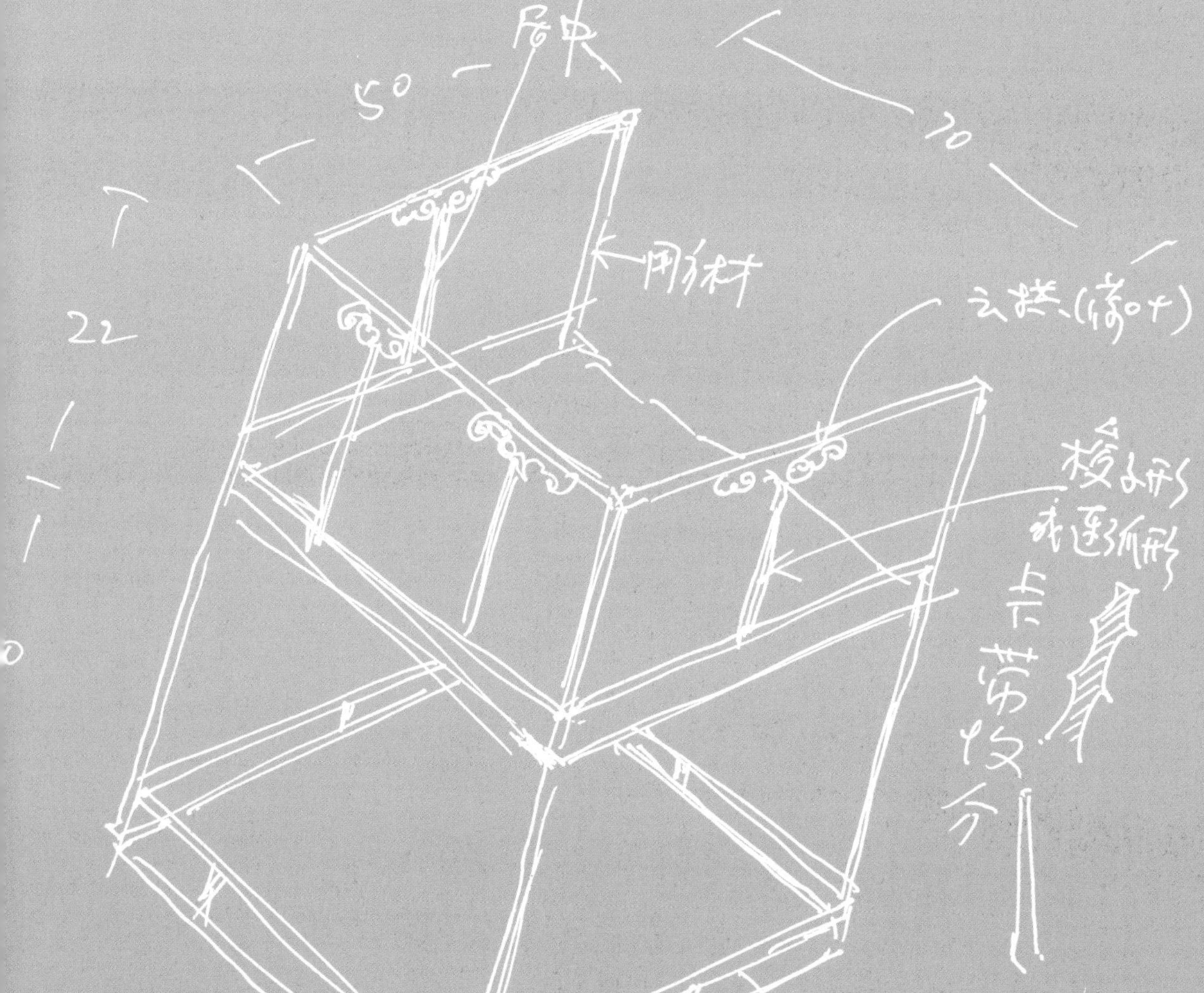

居中
50
70
22
梭子形

雨

擎雨

托举谓之『擎』。擎雨，意指荷叶承雨，其意取自苏东坡《赠刘景文》『荷尽已无擎雨盖』。

古代木构建筑钩阑中多有用荷叶雕作『云拱』，云拱是承托寻杖的类拱小构件。（如下图所示）宋元时期云拱多与『瘿项』（鼓状构件）合用，后世则把这个鼓状的『瘿项』化为瓶子，意为瓶中插荷，且可以附会成『祥和平安』，总是美好。

歷九朝為都會包伊瀍洛澗三臺風雨作高山
近四旁惟中央統泰華衡恒四塞關河拱神嶽
乾隆庚午

座中竖帐以荷叶意象擎起，
结体净正，不蔓不枝。
化东坡诗意于当下，美其名曰『擎雨』。

坐不过容膝解乏，顺风恬波，傲然自在，
亦可让人纷虑暂忘。
如东坡先生所言：『无事此静坐，一日似两日。
若活七十年，便是百四十。』
非椅子使人延年，
乃静坐使人物我相忘，身心皆空也。

长七十厘米／宽五十厘米／高七十二厘米／座高五十厘米

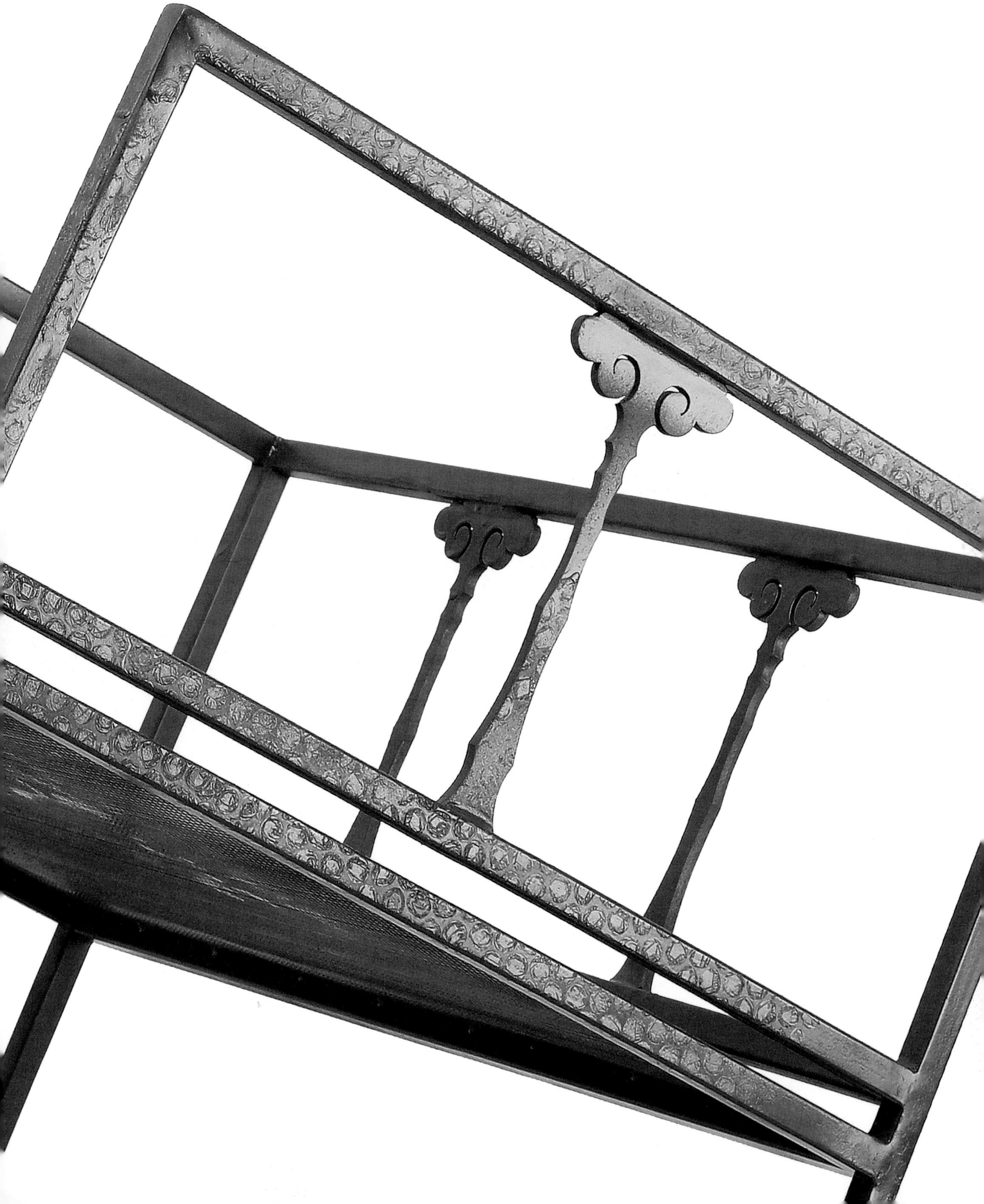

〔南宋〕苏汉臣 秋庭婴戏图（局部）漆彩撒花六开光圆墩

［宋］盛师颜 闺秀诗评图轴 枯槎随形坐榻及斑竹编敦

鼓弄

坐墩腿足劈料镂空式，两端向内兜出小涡纹，
腹腔一体，座托一致，疏淡平易。

凡凳墩腰弧状皆出于鼓形，
若上下一体腔式，腿牙合角，带托泥，曰『墩』。
若上下非一体腔式，或四足，或三足，谓『凳』。

在古代，『鼓』是财权重器，彰显尊荣。
宋代『有鼓者，极为豪强』，
明代『得鼓二三，便可僭号称王』，
所谓『金鼓迭起，铿鎗闉鞈。』
以鼓形入器，结体愈小者，愈显出膨胀之感。

面径四十厘米／高四十三厘米

苏州留园可亭

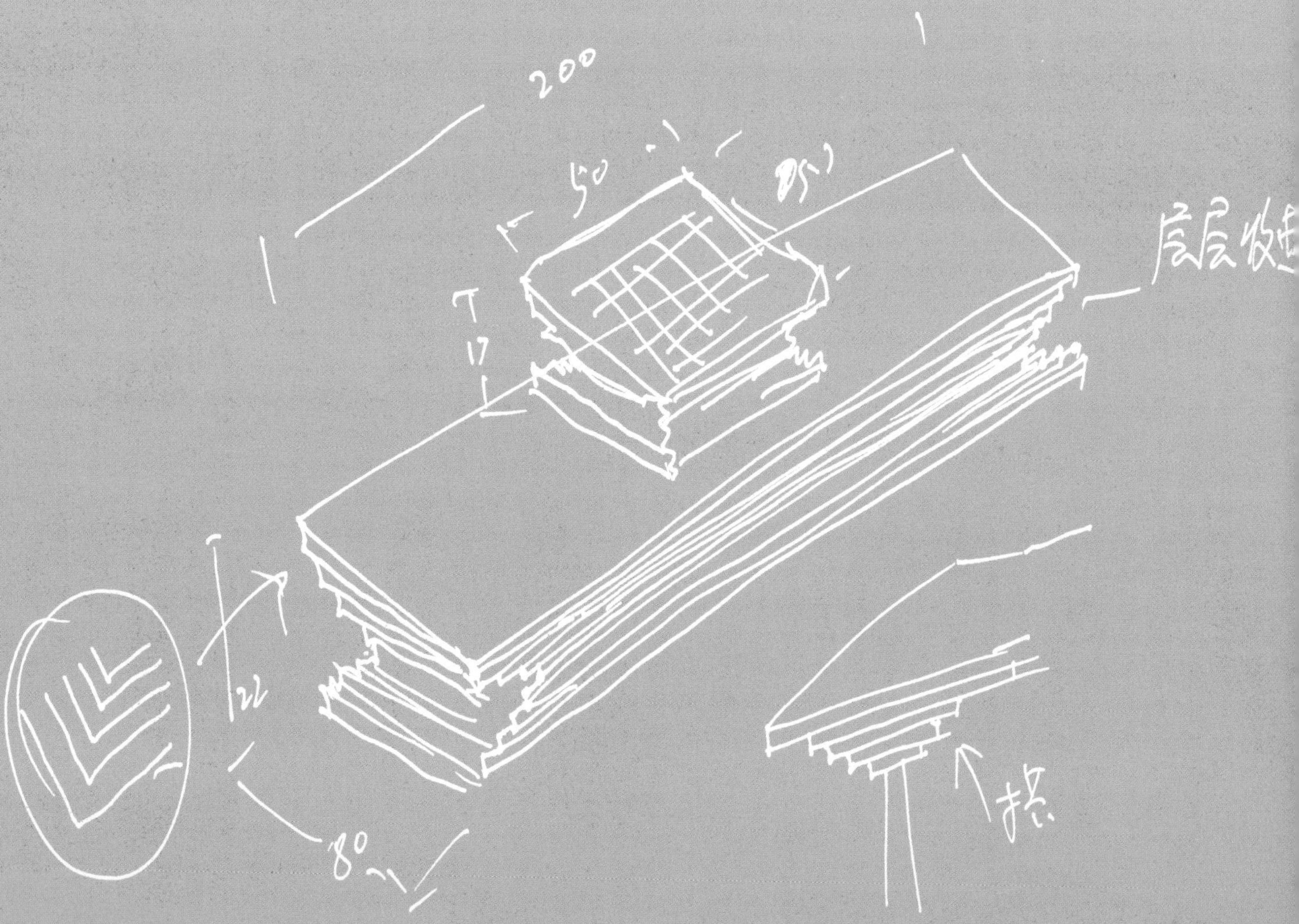

200
50
85
17
22
80
层层收

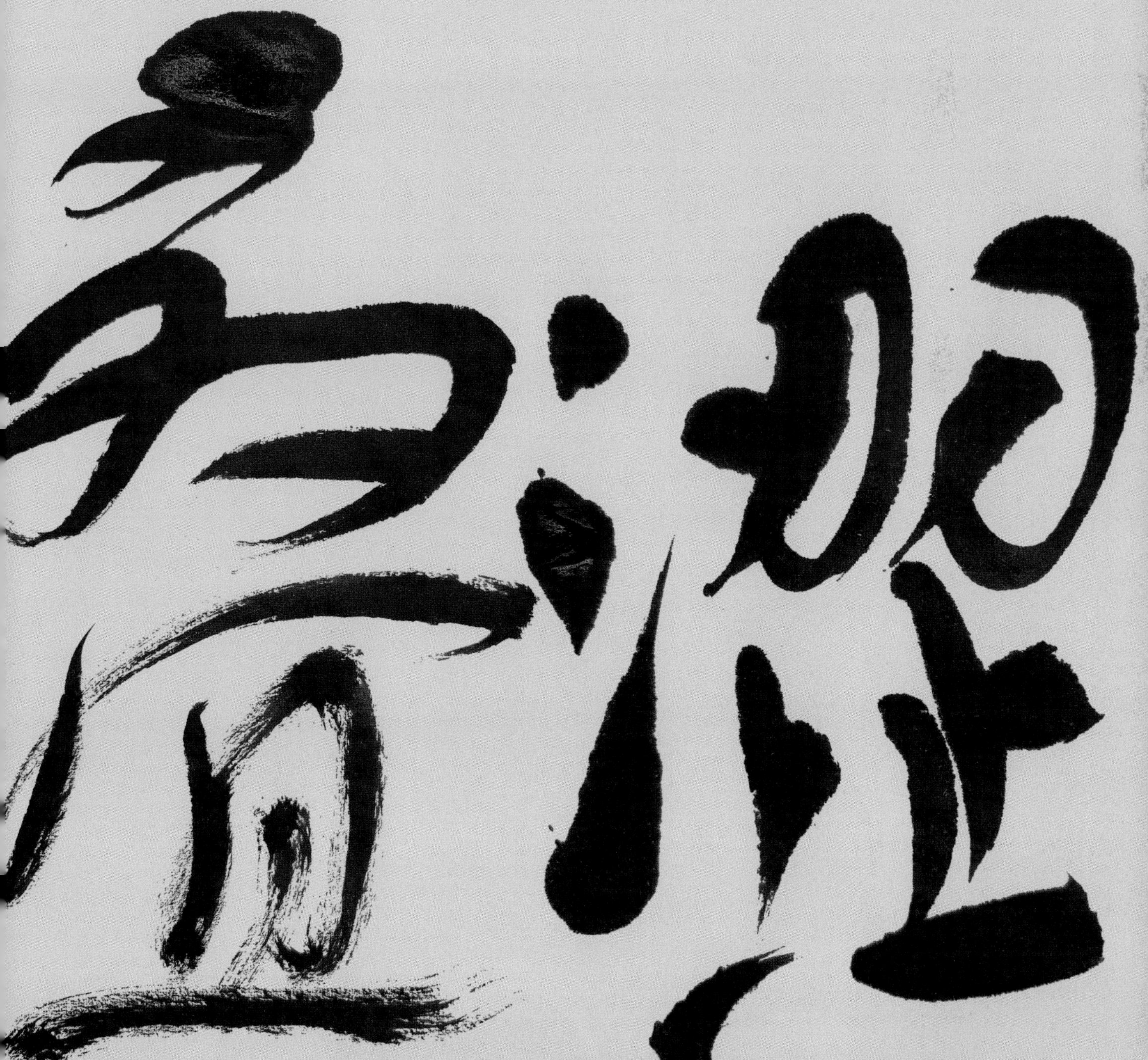

叠涩

古代建筑之砖石砌法，通过层层堆叠向外挑出收进，谓之『叠涩』。叠涩在古代建筑中形成叠涩拱，上下层堆叠居中合拢，形成飞檐。

图中为河北正定开元寺唐代叠涩砖塔。

叠涩棋榻

榻沿层层向里递进，形成束腰，
榻上置有棋枰，与榻身结体一致，
棋枰左右空余供趺坐手谈。

榻体隐去腿足，形成箱体结构。
小木作家具造法与
古代建筑法式息息相关，
所有的结构无非是力量与美感的表达。
有曼妙必有沉雄，有绮丽必有清逸，
有轻盈必有敦厚，有琐碎必有磅礴。

榻长二百厘米／宽八十厘米／
高二十二厘米
棋枰长五十厘米／宽五十七厘米／
高十七厘米

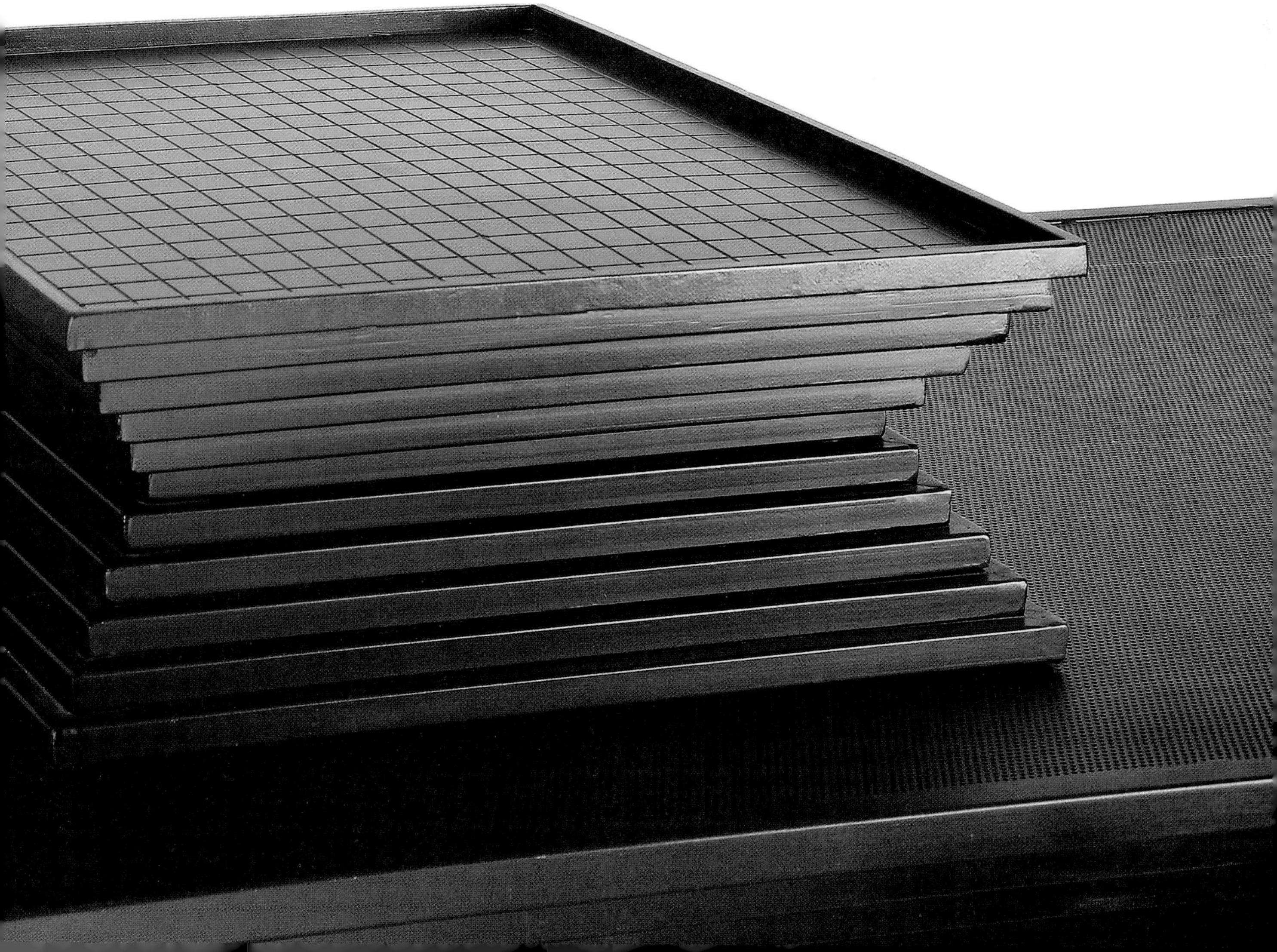

鹤栅

案之挡板作直栅托泥式，
腿牙叠涩拱升起，四撇八奓，面心用白石。

所言『鹤栅』，即养鹤所用的笼子。
语出宋人刘克庄《烟竹铺》：『主人家比渔舟小，
客子房如鹤栅宽。』见直栅，思鹤栅，意也。
若不用意，可谓『栅栏』，顿时索然。

格物之美，在于用意，虽身在尘，亦当有冲旷之思，
世间物皆可细味，非关理也，
若不能作妙人，亦当有趣言，
总不能花下晒裈，清泉濯足吧！

长一百九十厘米／宽六十八厘米／高四十六厘米

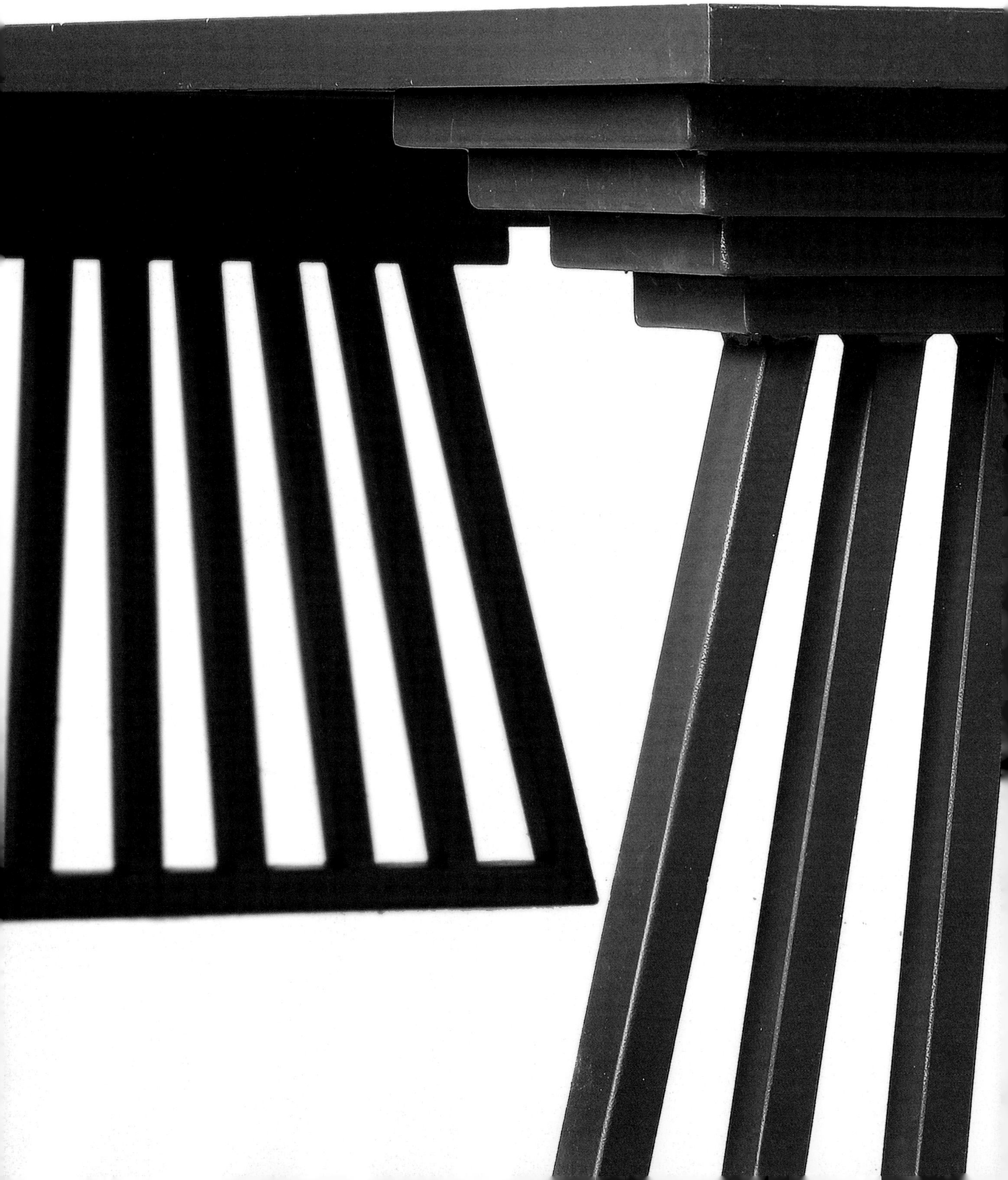

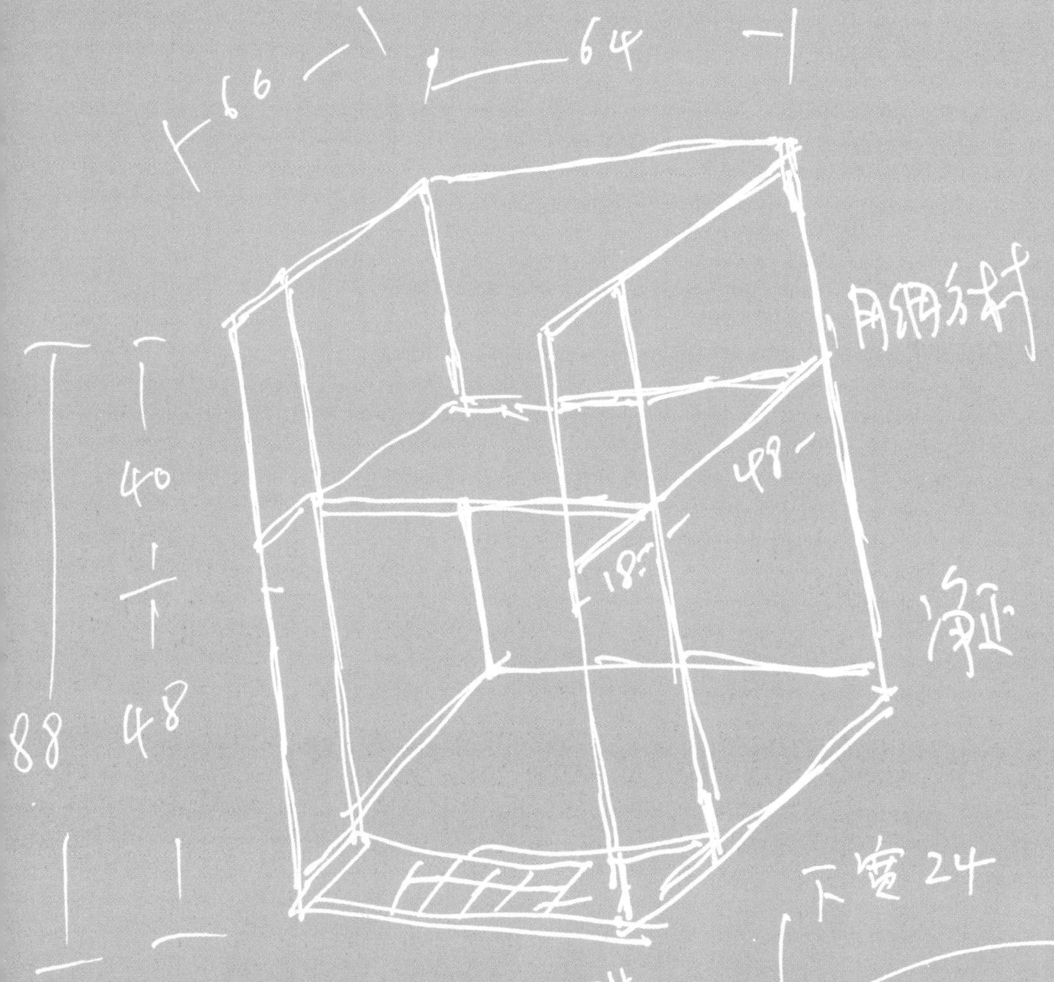
66
64
40
48
88
48
18

下宽24
24
20
45
24
160

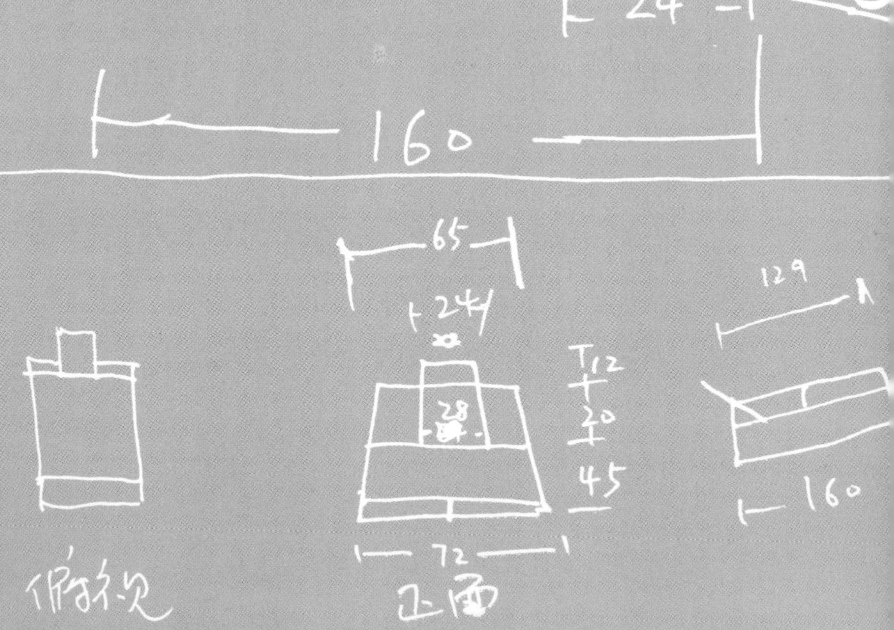
65
24
12
20
45
28
72
129
160
侧视
正面

匡正

方正谓之匡，匡正的意思为『纠正』。
汉刘安《淮南子》：『匡床蒻席，非不宁也。』
所言匡床，即方正之床。
两宋时期多流行『方正』的匡形椅子，
传世画作中屡有描绘。
匡正，是文人士大夫内心净正的具象延展，
如同横平竖直的方块汉字一样，
结体中隐匿着中华民族特殊的文化心理感触：
走得直，行得正，坐得端，方为磊落。

椅座如木构建筑之穿斗抬架，用六足，
座面向后凹减，斗方踏床，扶手与倚背平直。
入座以后手膝在前，且不出椅架，
身心在后，如同加了一个屏障，居中守气，端然自生。

长六十四厘米／宽六十六厘米／高八十八厘米／
座高四十八厘米

左页为宋人赵昌所绘《南唐文会图页》（局部），
图中画桌为联足托泥式，
桌前置有加层高几，中坐者头戴梁冠，用卷头交椅，
身后女侍持撑扇，为官家。
左右文士分别头戴方巾、周巾，或坐于绣墩，
或坐于匡椅。图中匡椅结体纤细平正，无碍于人。

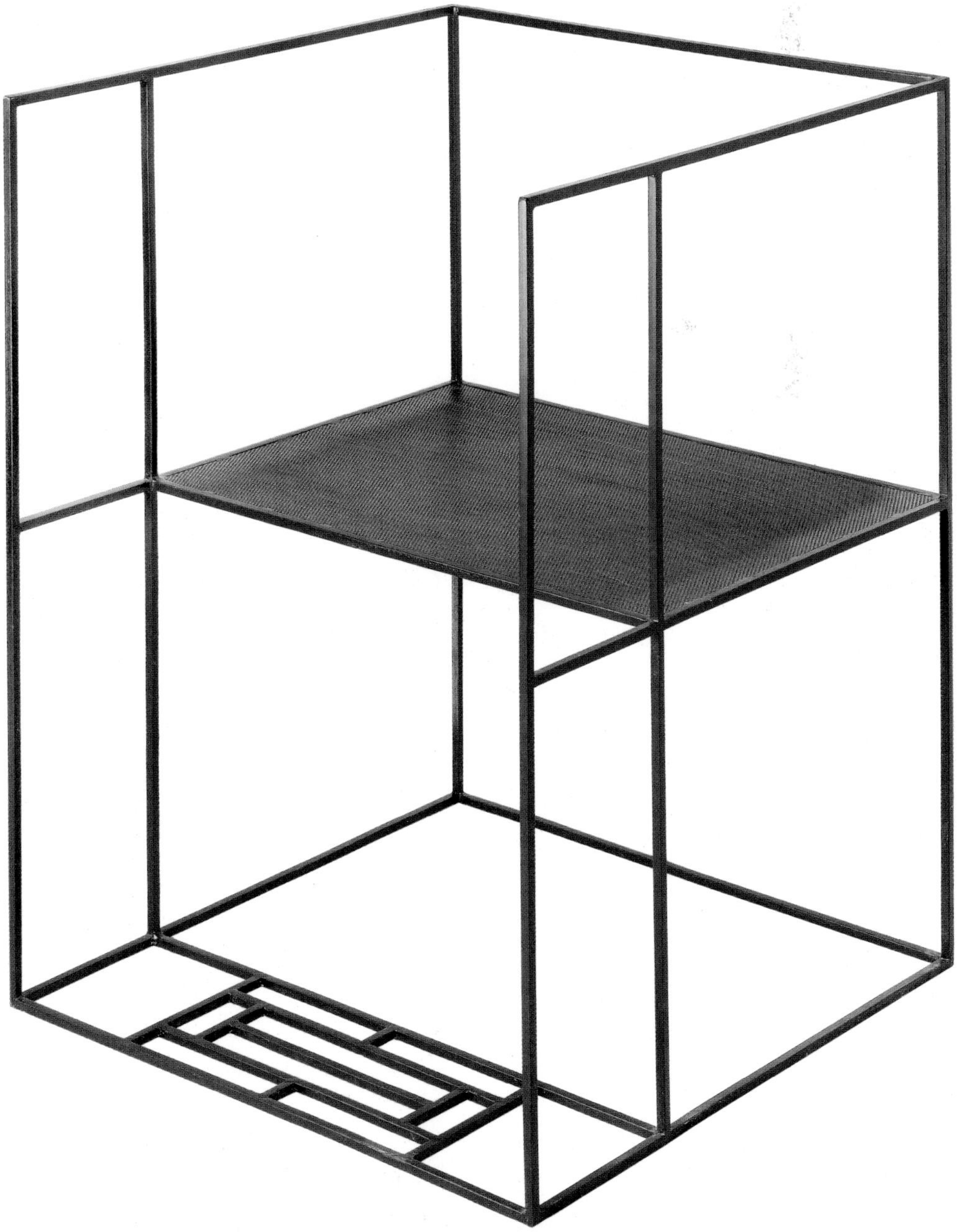

〔宋〕佚名 宋太祖坐像

龙首椅上的宋太祖正襟危坐，态度端然，时见庙堂之气，

〔明〕仇英 梧竹书堂图（局部）

画中书堂中的幽人闲适仰卧，半梦半醒，悠然自得，仿若无人，尽得林泉之致。

偃仰

偃仰，本义是指卧立起伏，引申为随世沉浮或进退，抑或自得。此间意语出明人归有光《项脊轩志》：『偃仰啸歌，冥然兀坐』。

卧椅横长，枕首与靠背向后欹斜，带踏床。家具供置，本来是坐有椅，卧有榻，各有所用，今以椅榻合于一体，是为卧椅，古制已有。卧椅承载着人们『坐不想起身，卧不想转室』的慵懒体态。

长一百七十五厘米／宽六十五厘米／高七十八厘米／座高四十四厘米

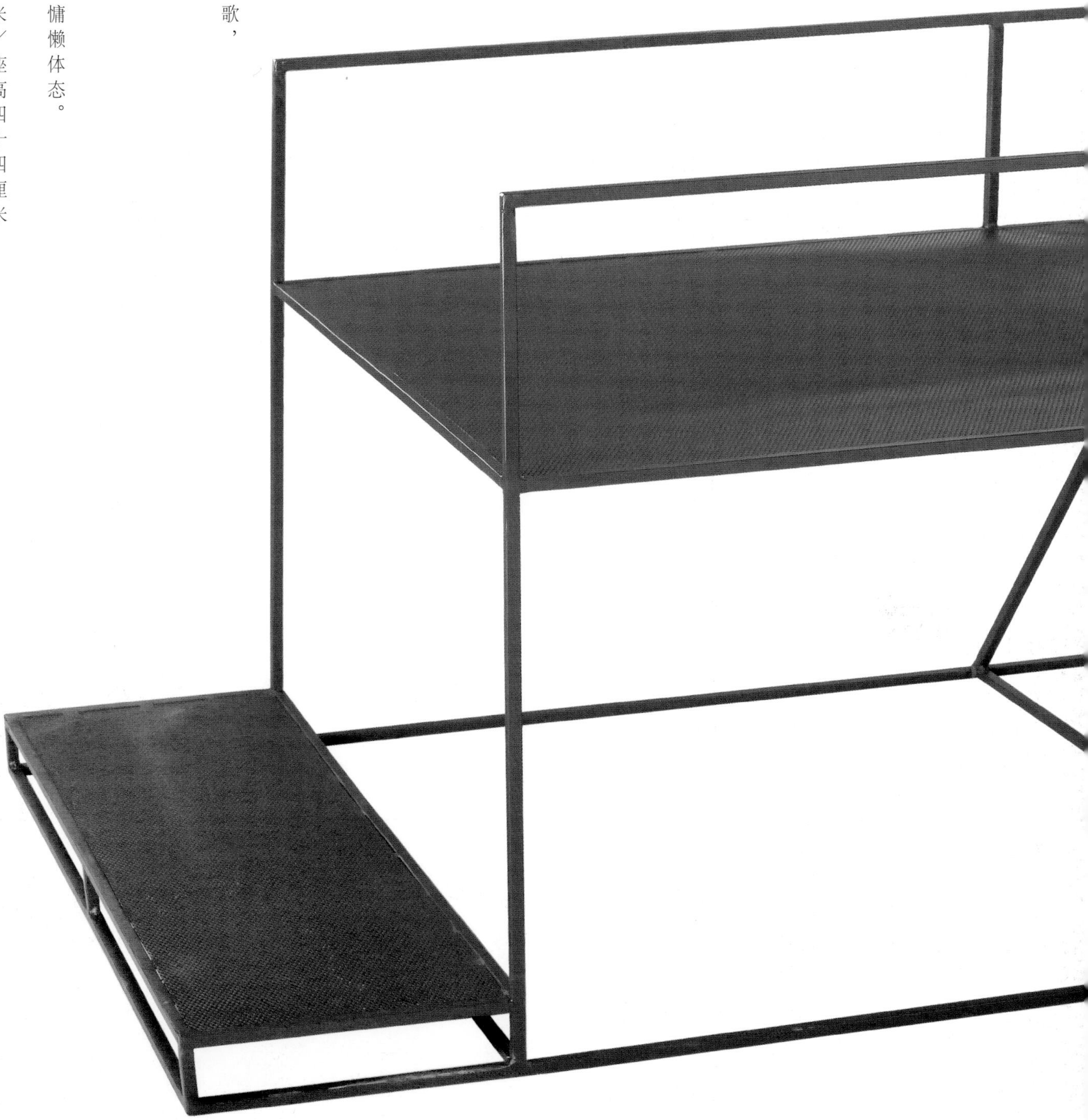

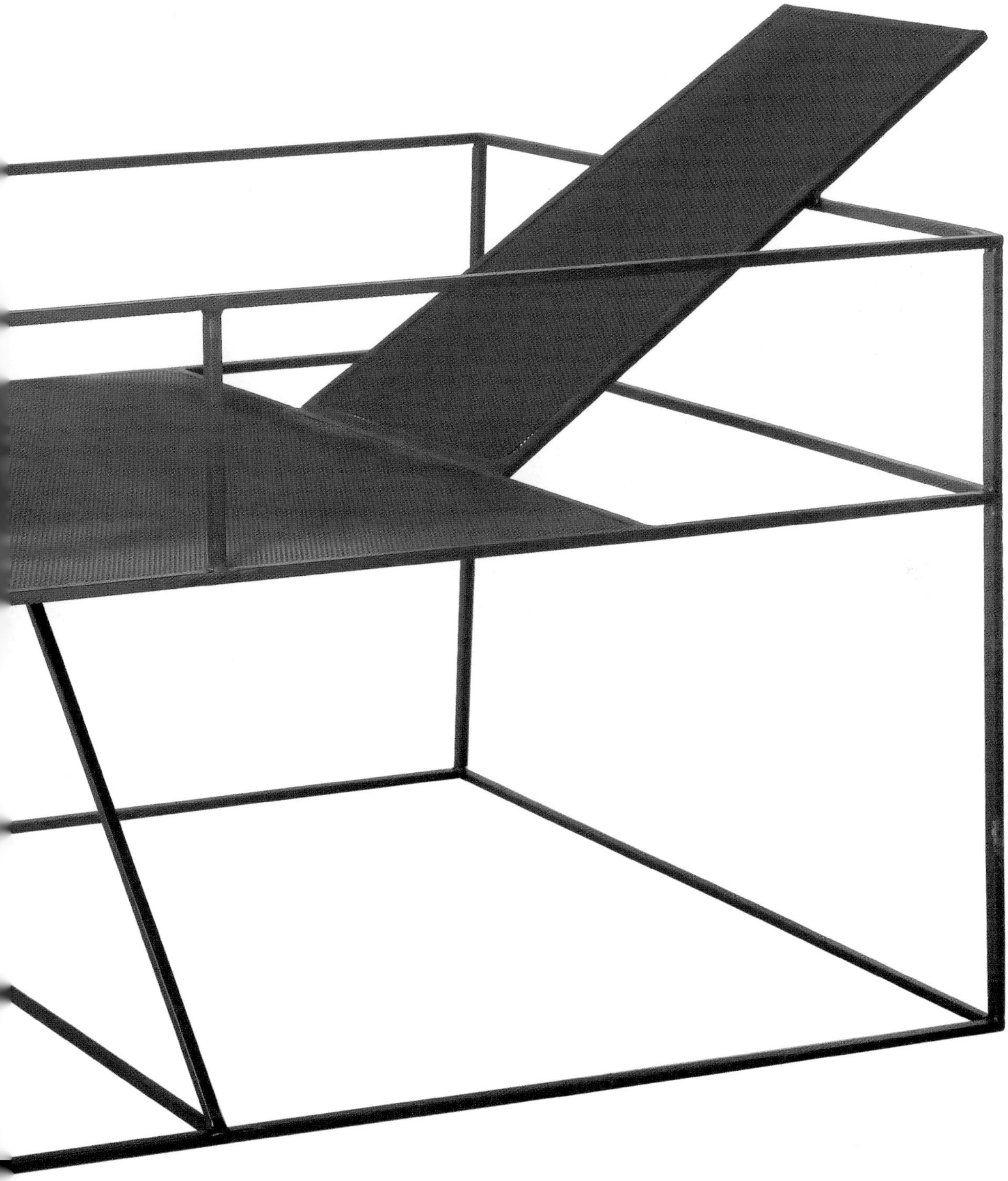

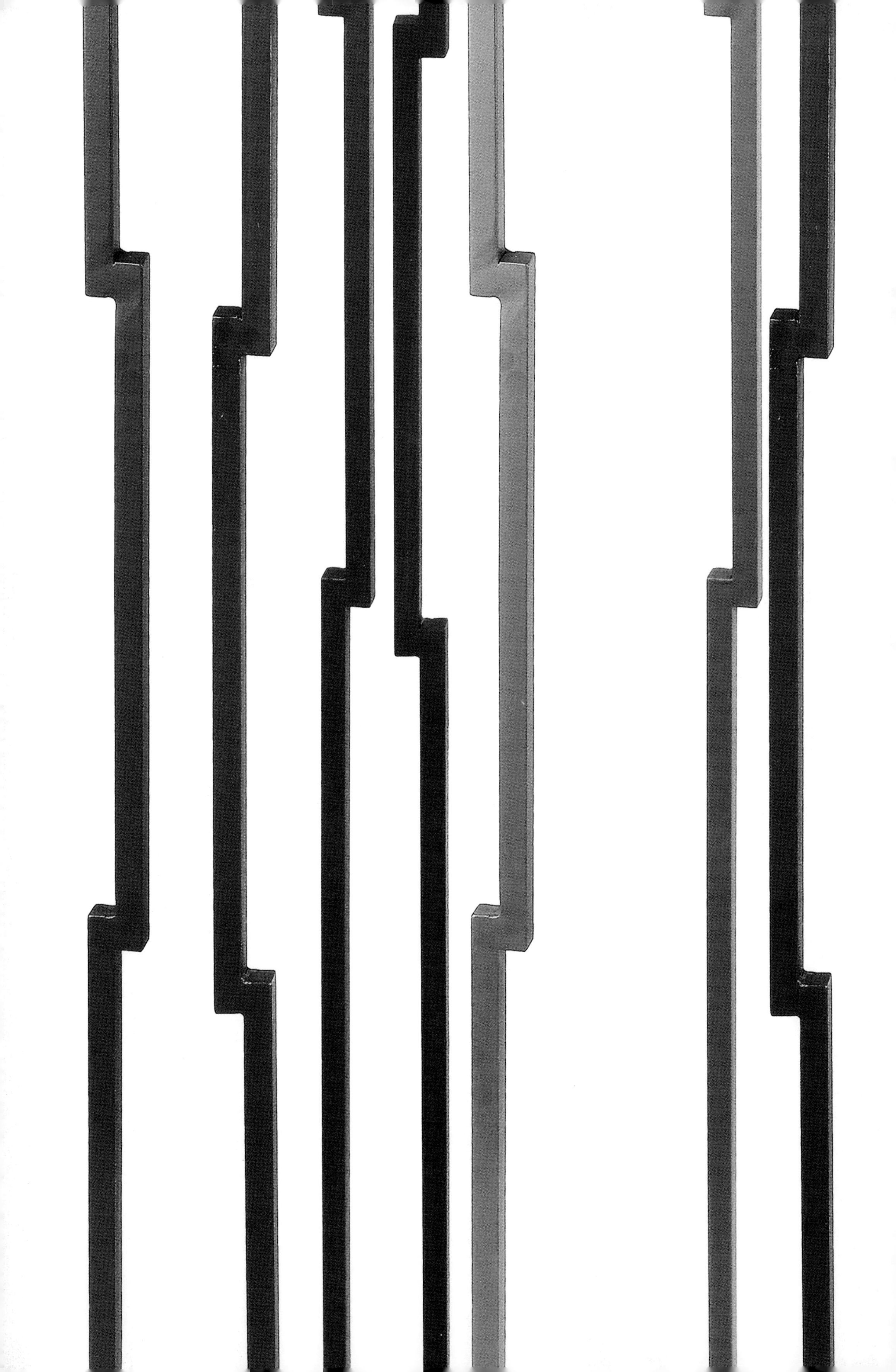

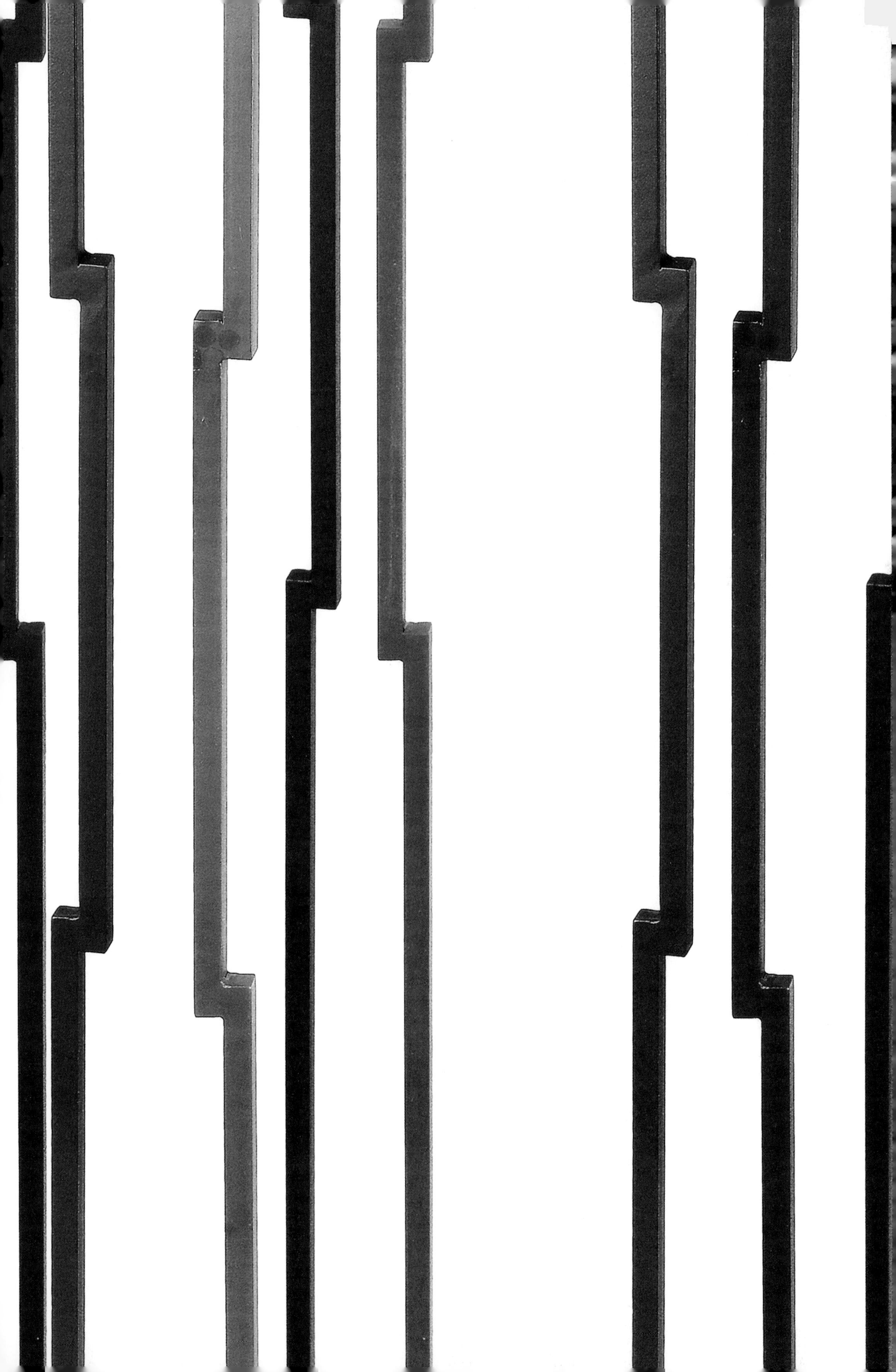

蹊辙

蹊为踩踏之小道，辙为车轮之碾痕，蹊辙，意指行迹。语出清人龚自珍《尊隐》：『大忧无蹊辙，大患无畔涯。』

物有其迹，必有其辙。如松柏枝如蟠虬，一年一轮，生长在干，表皮在身，左仄右倾，起伏万象。观其随形，察其天趣，而后化之。

图中高几，上下左右，向里凹减，腿间留白之负形，假意于松柏之身形。

长四十厘米／宽四十厘米／高一百零八厘米

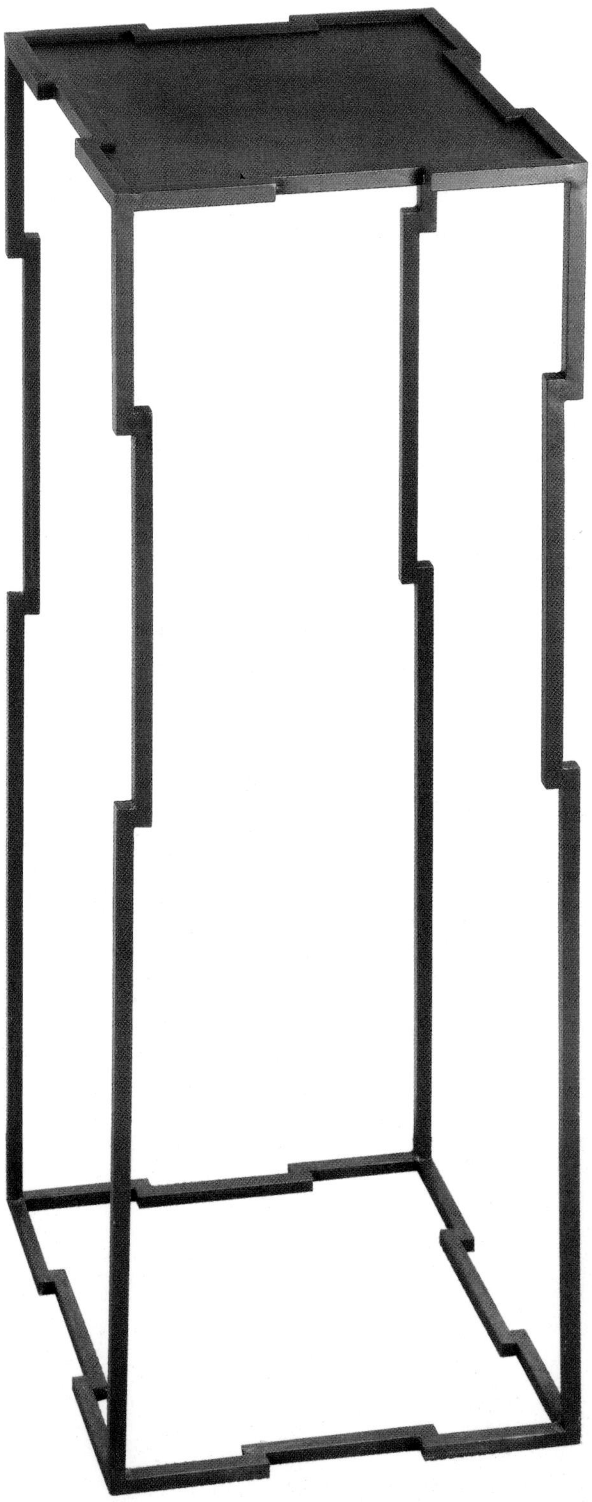

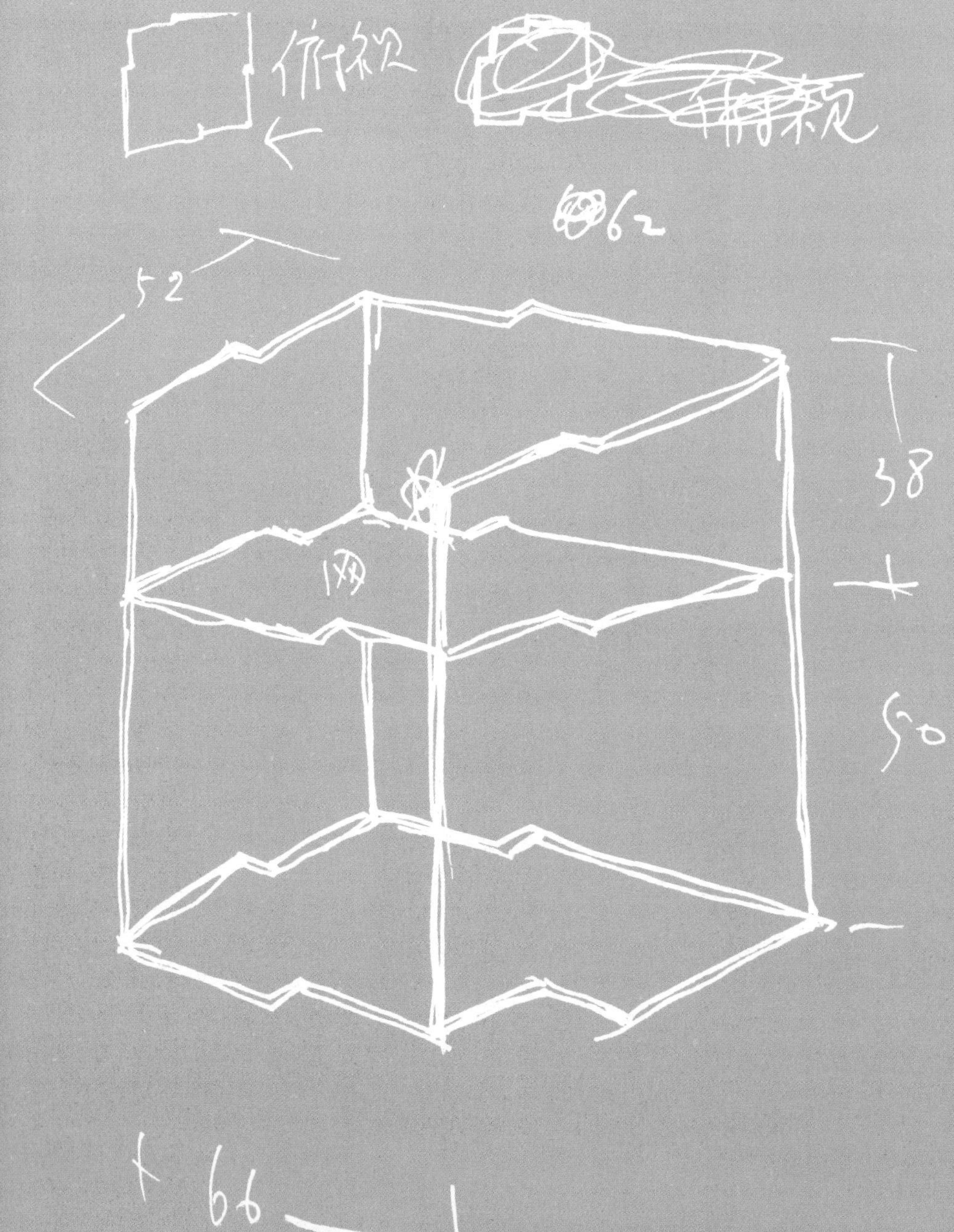
62
52
38
50
66

掇山

掇山，即叠石成山。
语出明人计成所著《园冶》之《掇山》篇。

椅子大直小曲，方直折错，犹如山石相依相叠。
造物之法不外乎挠直为曲，斫方为圆，
得绳墨之规矩，非必全直，亦非必全曲，
察于通幽之径，直则无气，曲则有情，
看似行至山水穷尽之处，一折而豁然开朗。

长六十六厘米／宽五十四厘米／高八十八厘米／座高五十厘米

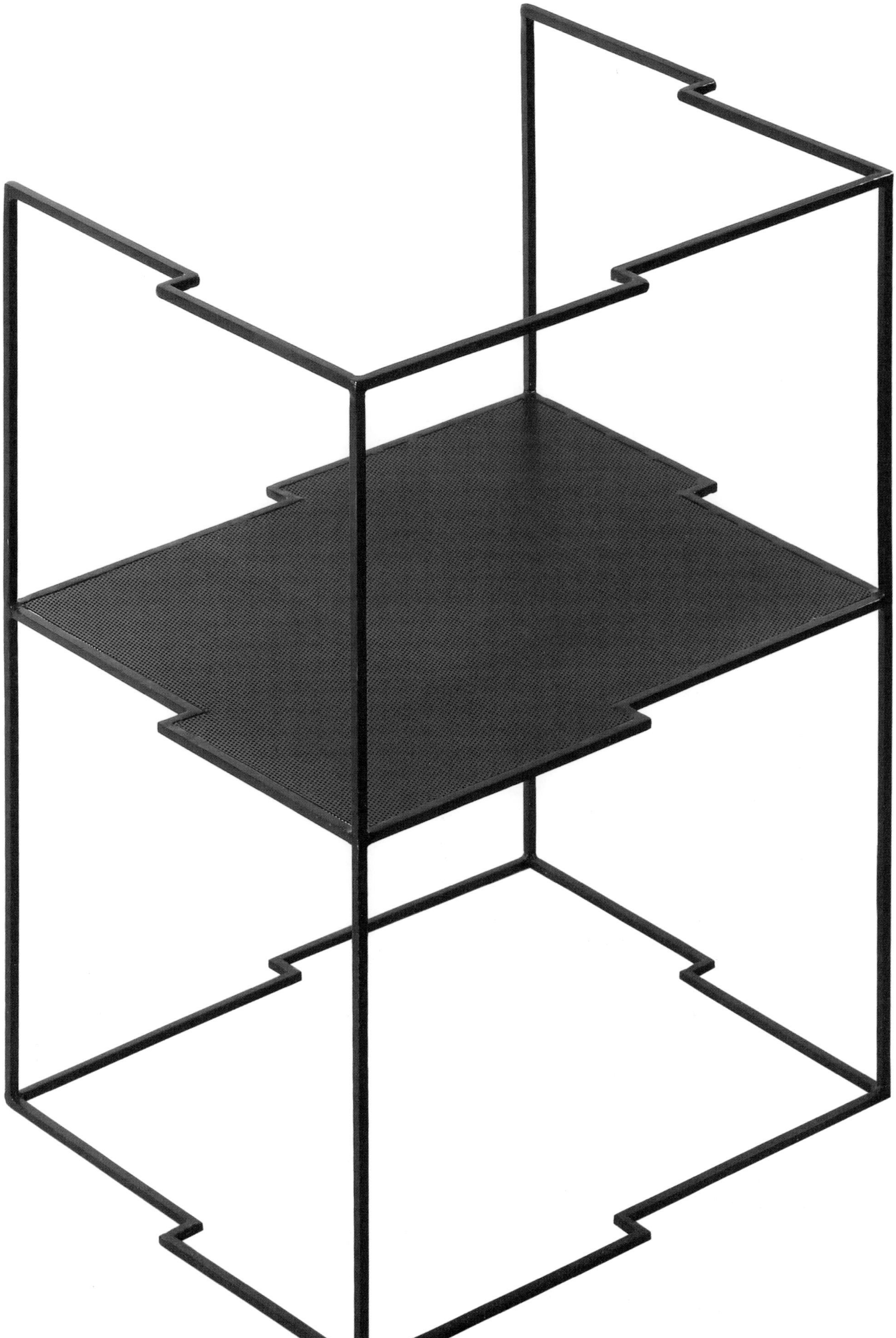

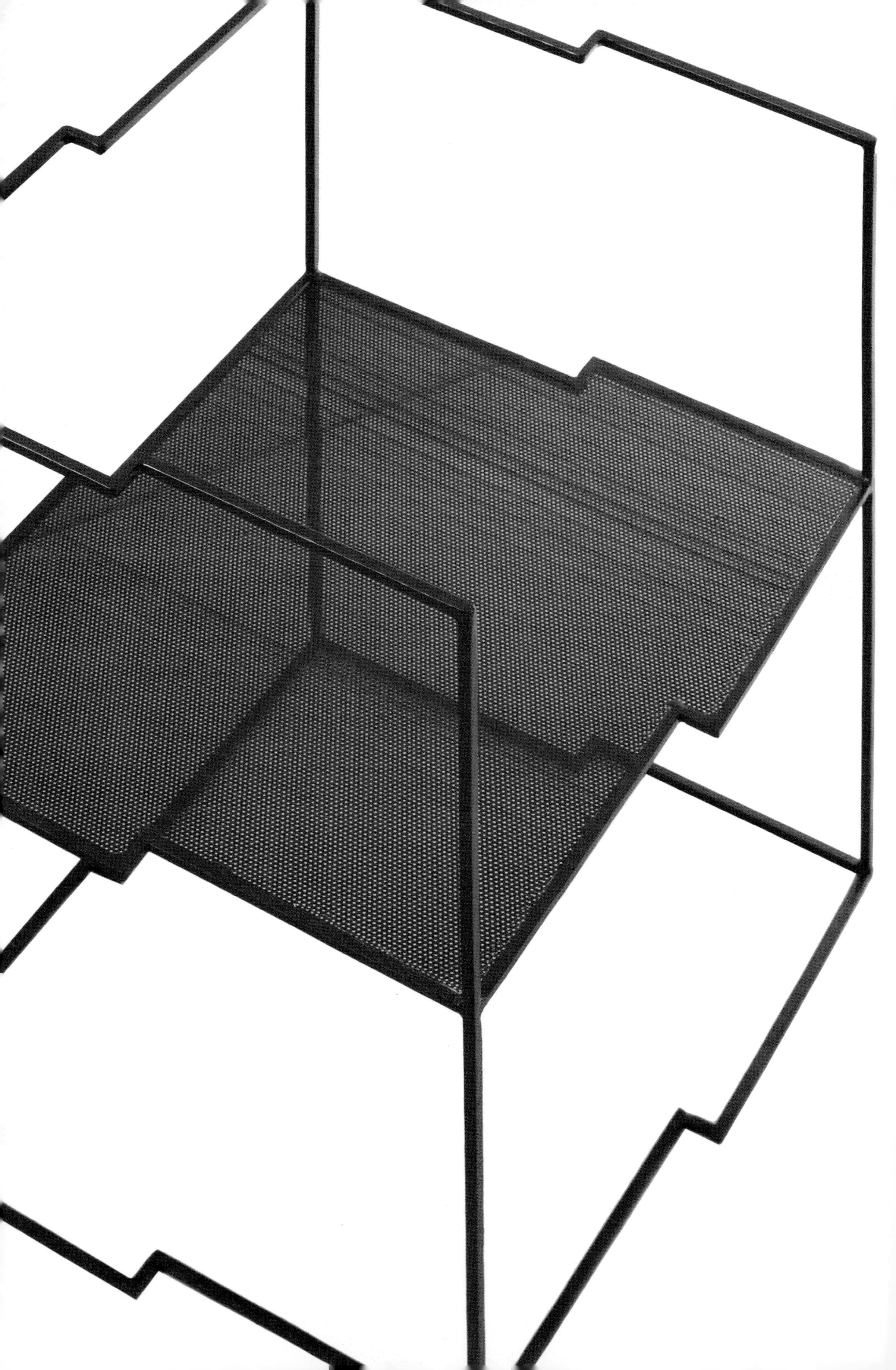

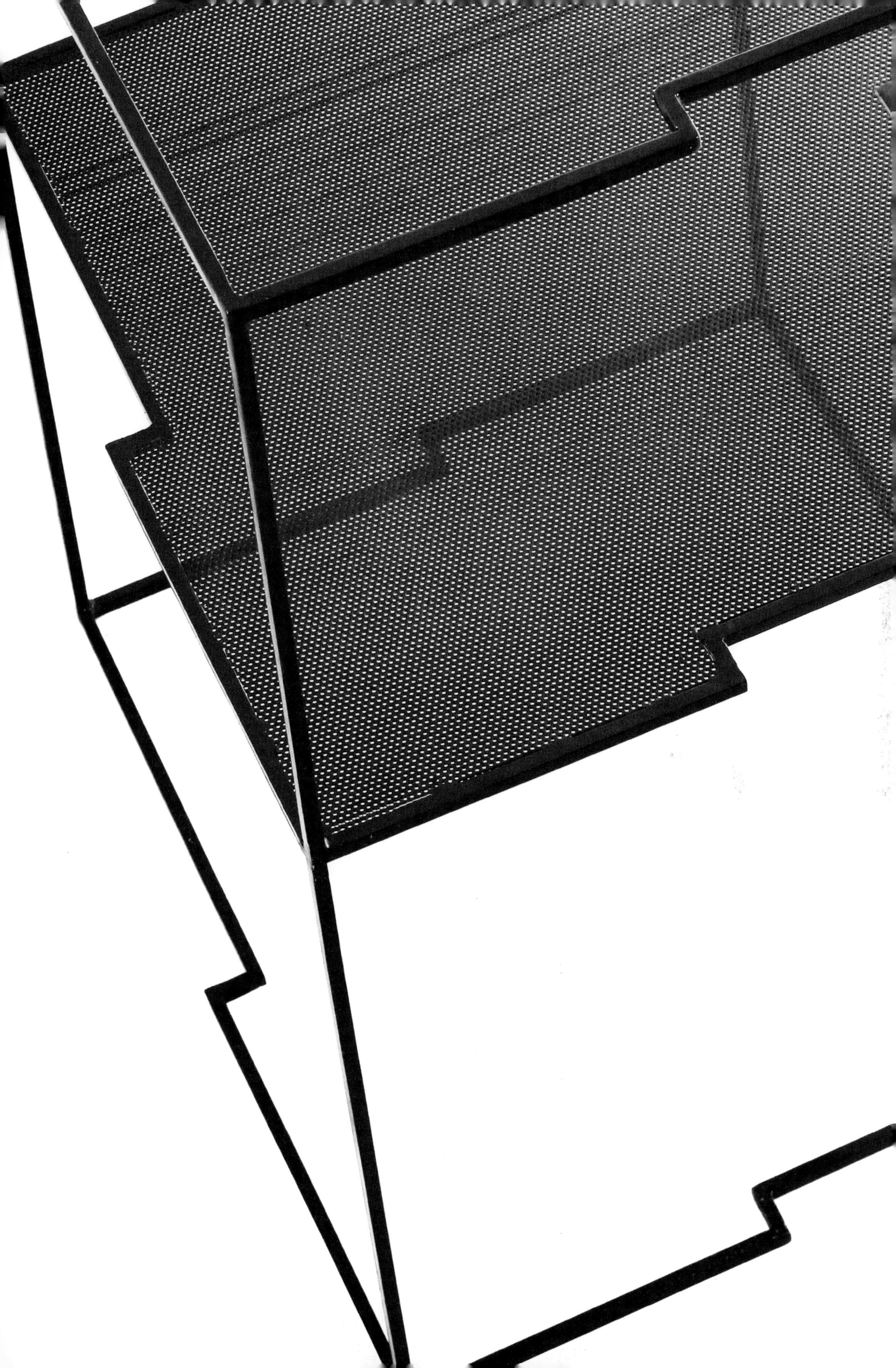

枕石

椅子结体源于古代的簟枕（竖向），
周身奓角内倾，有牵拉之感，

弧形器多见于早期的青铜文化中，
在历经楚汉文化、汉胡文化的交融之后，
楚人尚彩，胡人尚圆，汉人尚正，
既能共形，亦能共意，是谓求大同而存小异。

枕石的立意语出三国魏曹操《秋胡行》：『名山历观，
遨游八极，枕石漱流饮泉。』
以石为枕，以天作庐，致虚极，守静笃，
是古人隐逸思想的最高体现。

长六十一厘米／宽五十五厘米／高九十二厘米／座高五十厘米

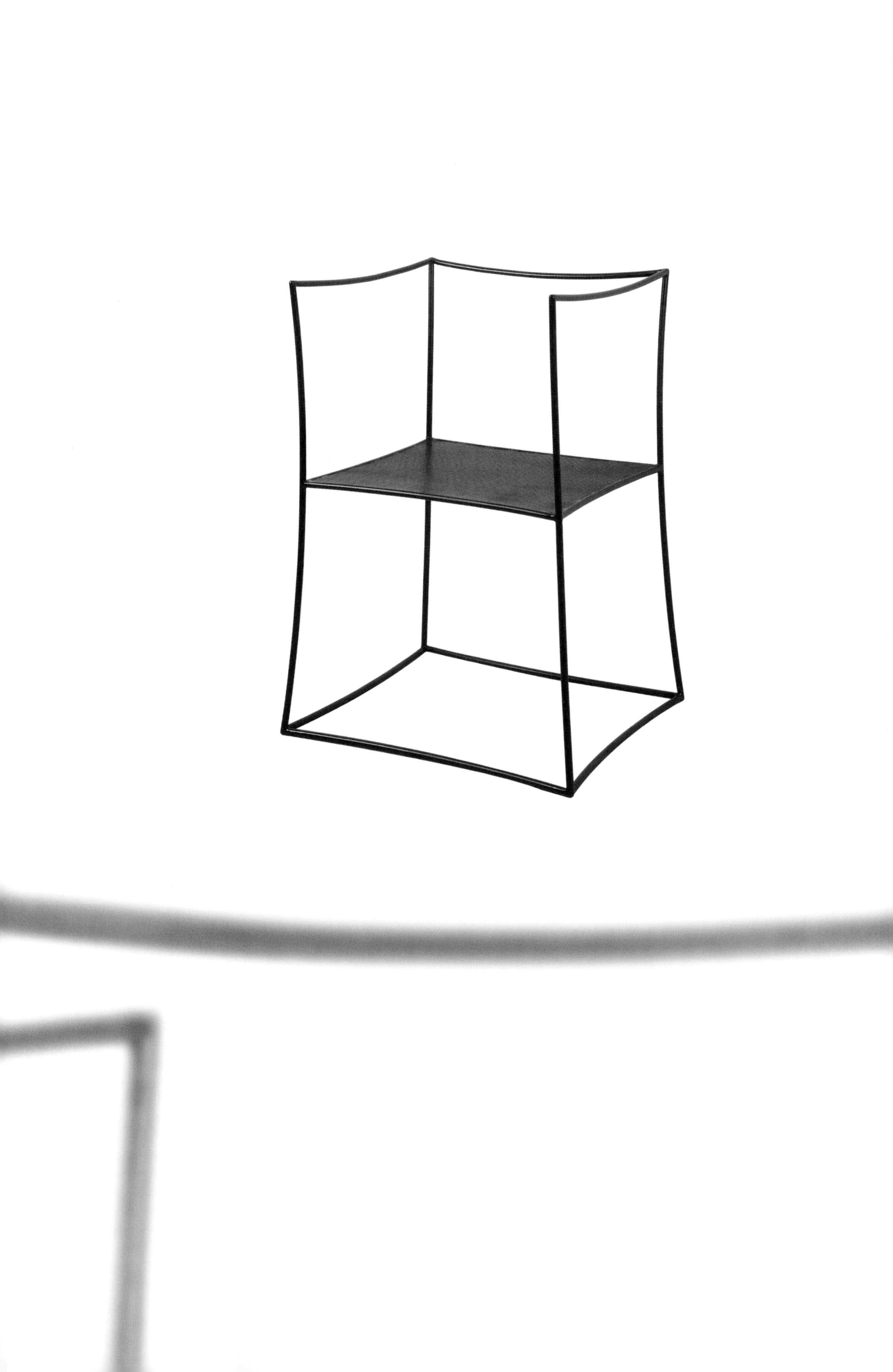

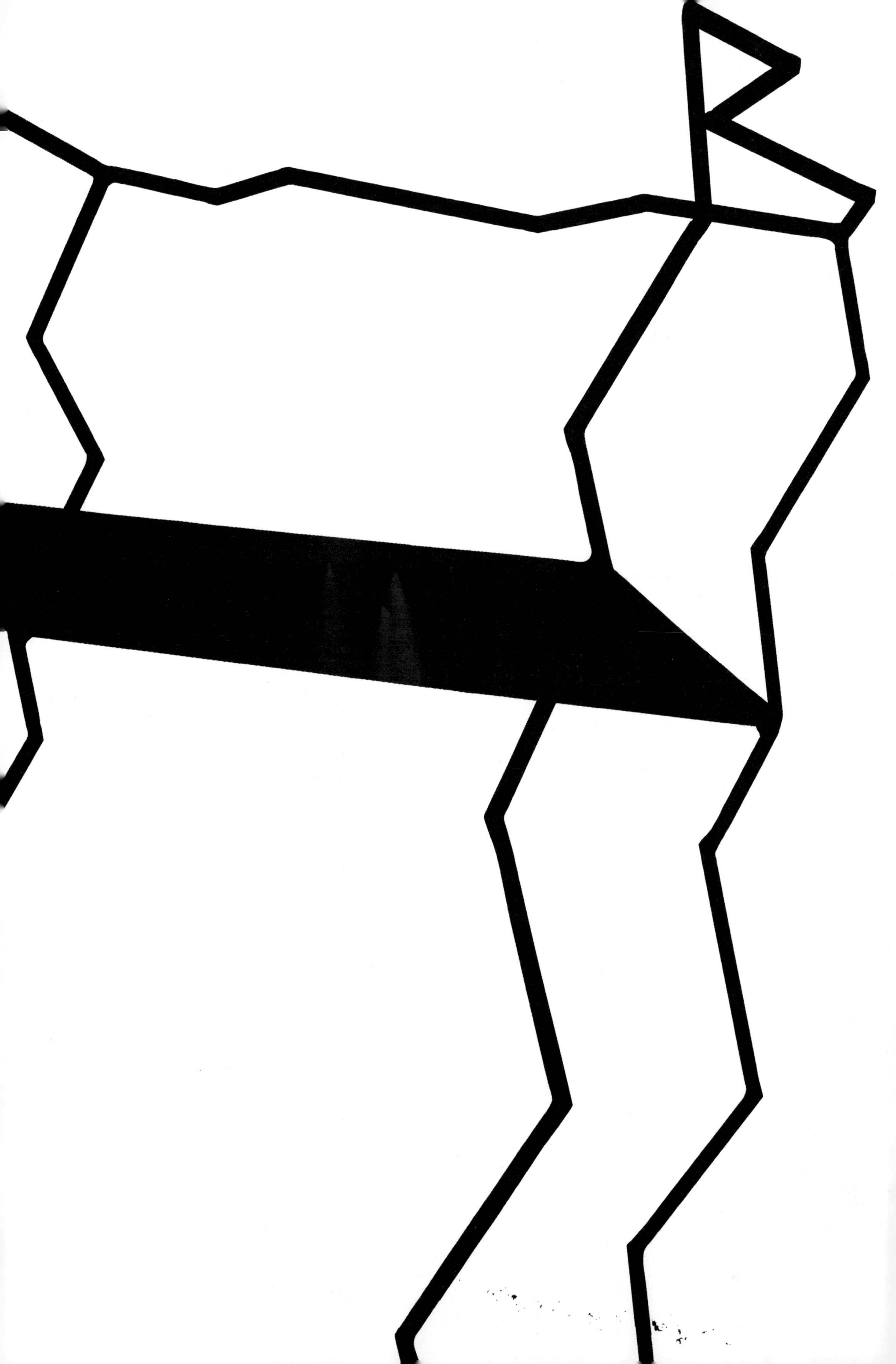

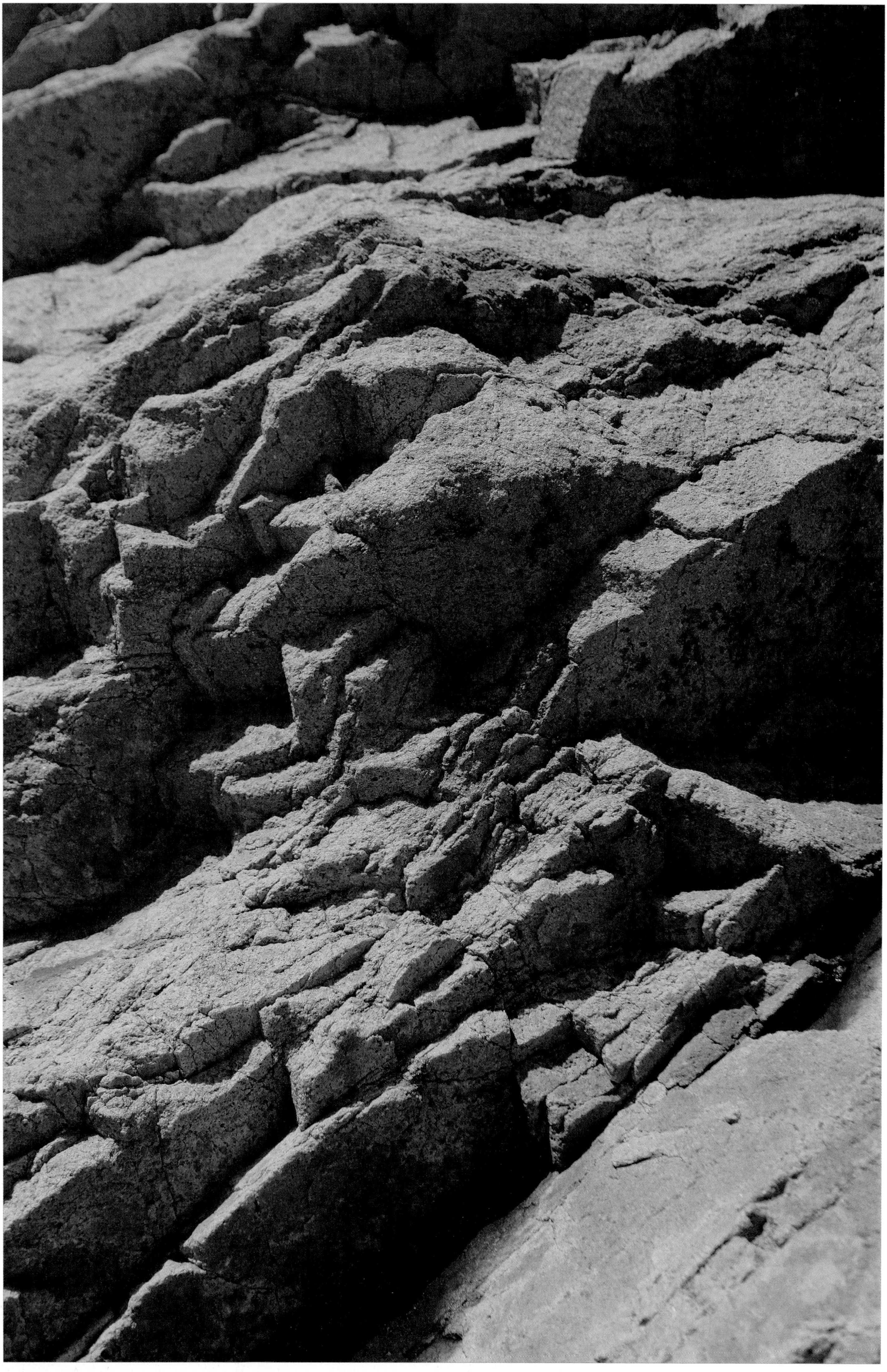

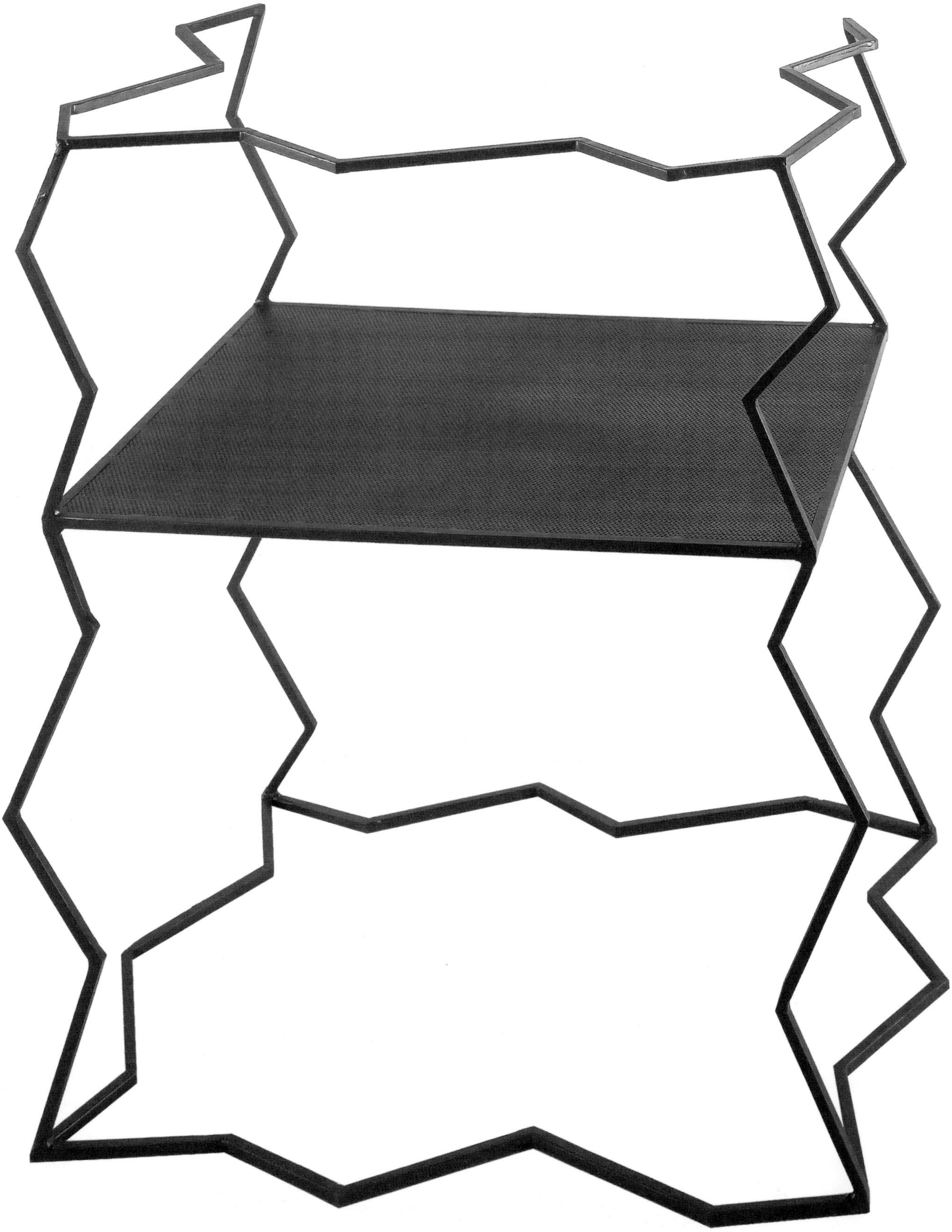

蹬道

蹬道，登山的踏道，山石左倾右仄，参差不齐而构成自然的踏跺。语出唐代岑参《与高适薛据登慈恩寺浮图》：『登临出世界，磴道盘虚空。』

椅子线条曲折随势而生，无所拘碍。取蹬道曲折之意，化于椅子结体，或如藤萝，或如墙裂。在中国传统家具图录中应无此例。

长七十二厘米／宽五十厘米／高八十二厘米／座高五十厘米

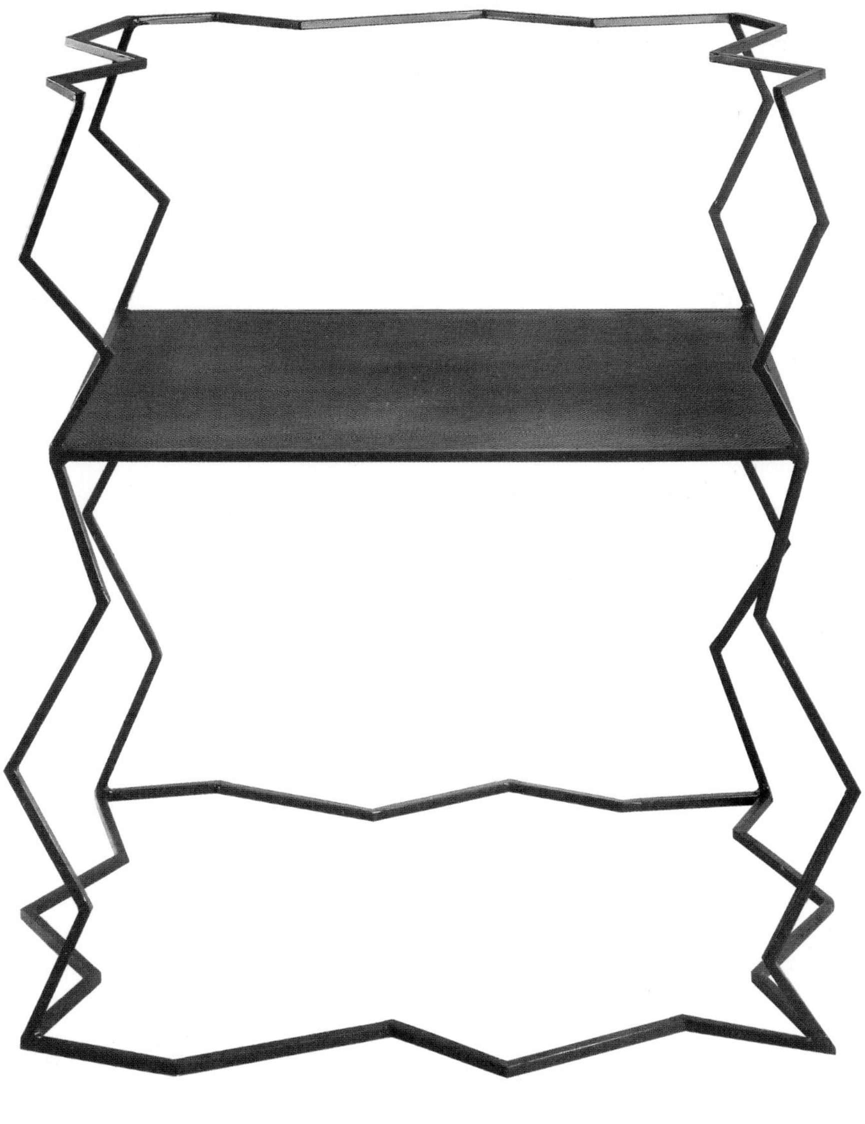

甘肃榆中县青城镇黄河滩

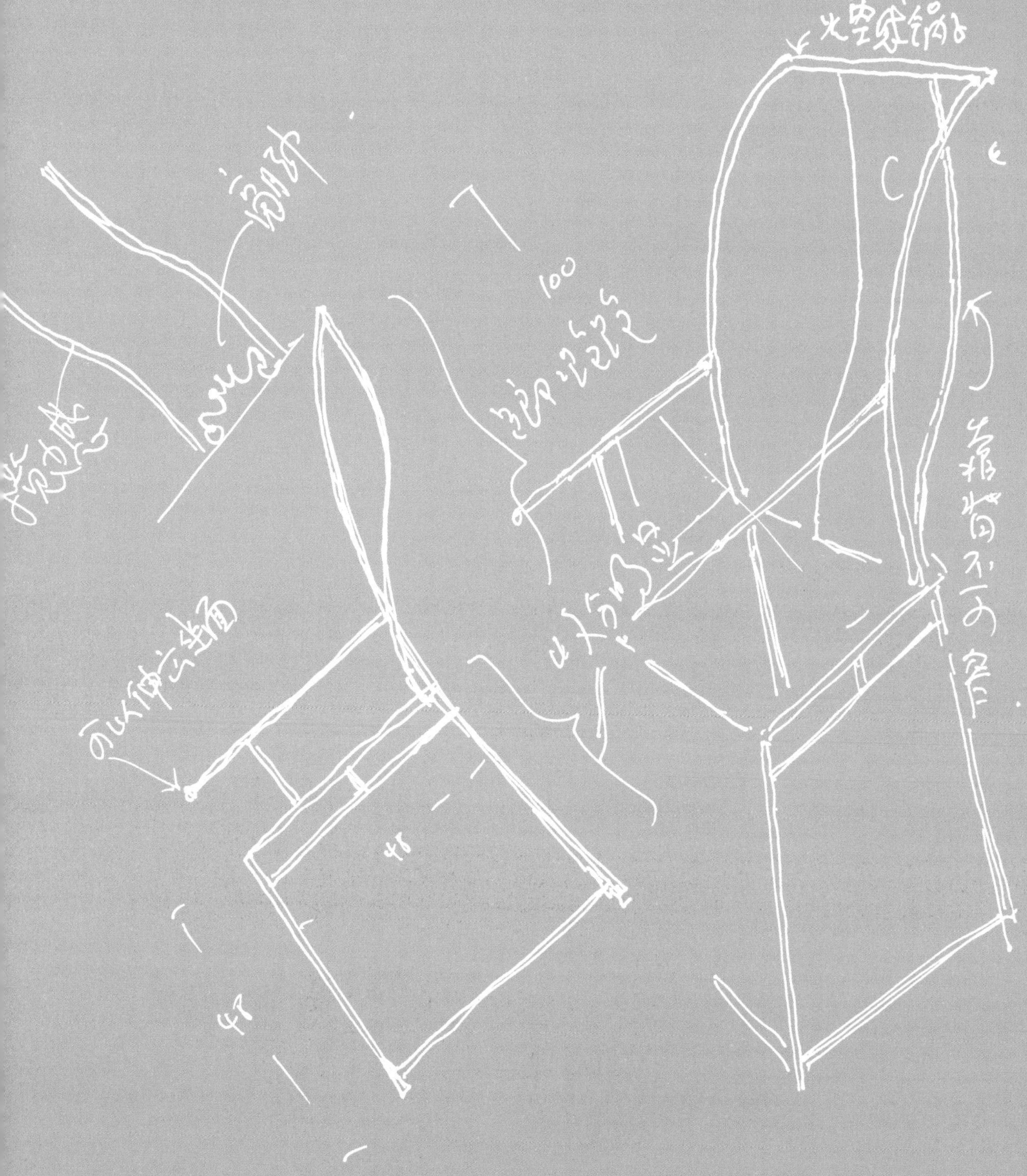

100
可以伸出坐面
48
48

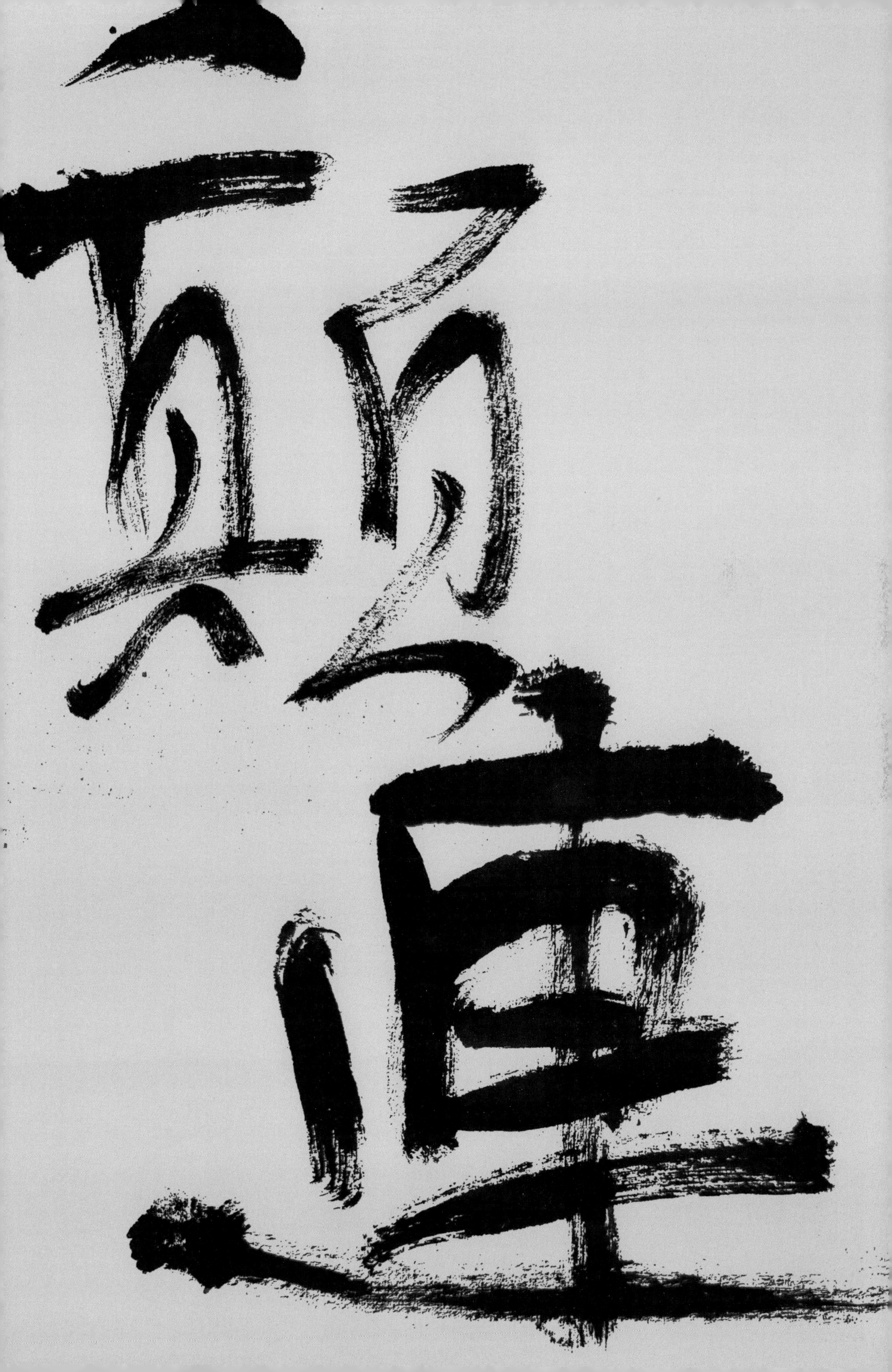

浙江绍兴徐渭故居『自在岩』山墙

颠连

颠连，此处指步伐踉跄，潦倒。
语出明代徐渭《醉人》：『不去奔波办过年，
终朝酩酊步颠连。几声街爆轰难醒，那怕人来索酒钱。』

昔年愚曾往绍兴拜瞻青藤老人（徐渭号）故宅，
因慕先生才学太久，不远千里而来，
时园静蕉荫，孑临池沼，虽不能谒见青藤形影，
亦盼与此间一草一木神交，遂流连半日不肯归去。

青藤晚年颠连潦倒，才自天开。借其《醉人》诗意，
小作坐椅一张，以示景仰。
椅子两出头，倚背幅度加大，有踉踉跄跄之感。

长六十四厘米／宽四十八厘米／高一百厘米／座高四十八厘米

山舆

山舆，即山道中所乘坐的小轿舆。古代有肩舆、蓝舆、銮舆、辇舆、煖舆、兰舆等，泛指代步之车轿。语出宋代王柏《长啸山游记》：『黎明假山舆，上丹山，酌丹井。』

椅子结体源于明代的朱漆肩舆，靠背折角，扶手出头，腿枨皆用圆材，结体轻盈，便于人力抬举。虽得名于舆，实为椅子，山舆只是意化。若称之为『山轿』，则静气顿失，燥气顿生。

长六十二厘米／宽四十七厘米／高八十六厘米／座高四十九厘米

明代朱漆肩舆（出自河南孟州，摘自作者原著《明清制造》）

洪谷寺林虑山　荆浩隐居地

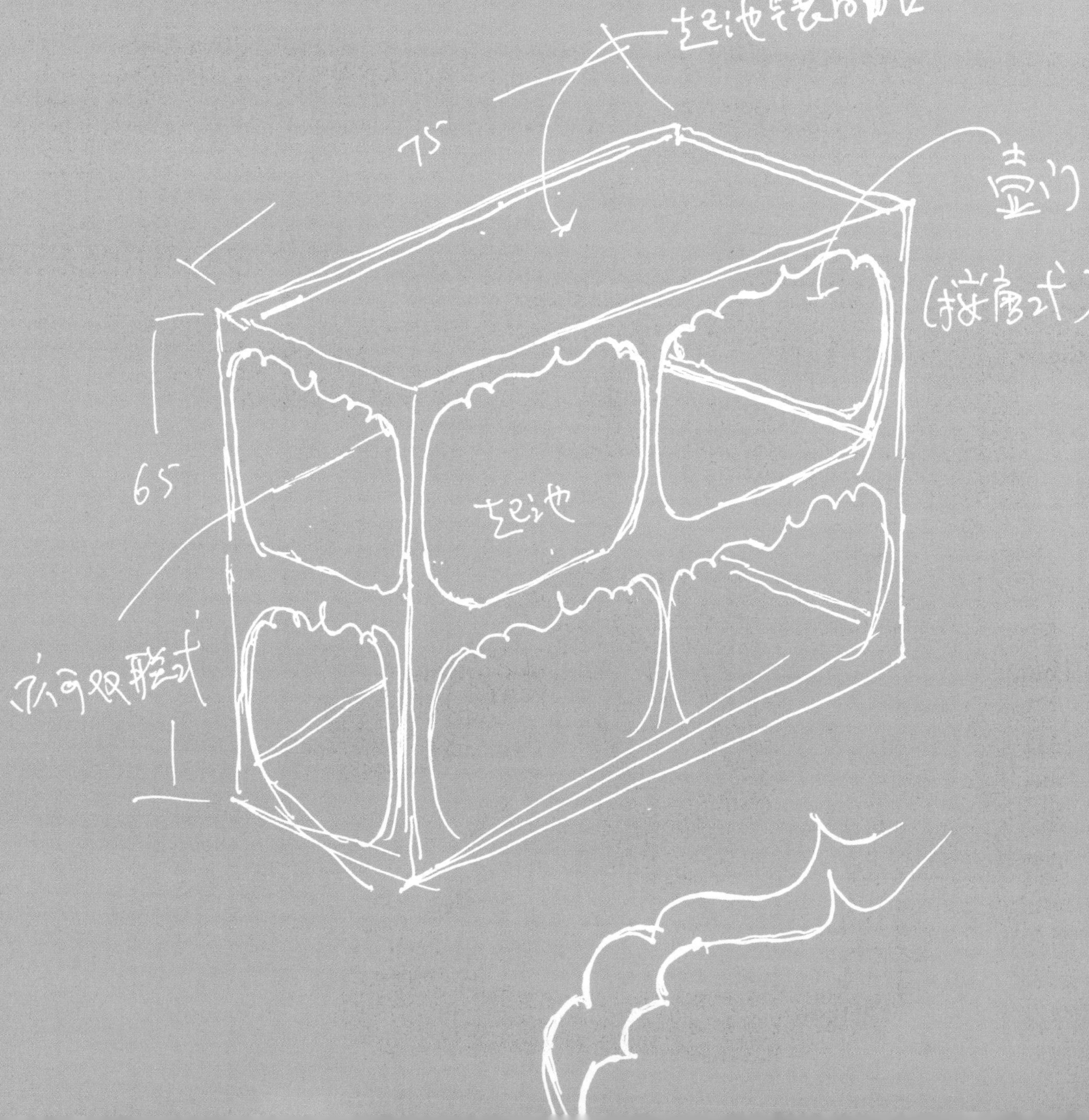

75
65

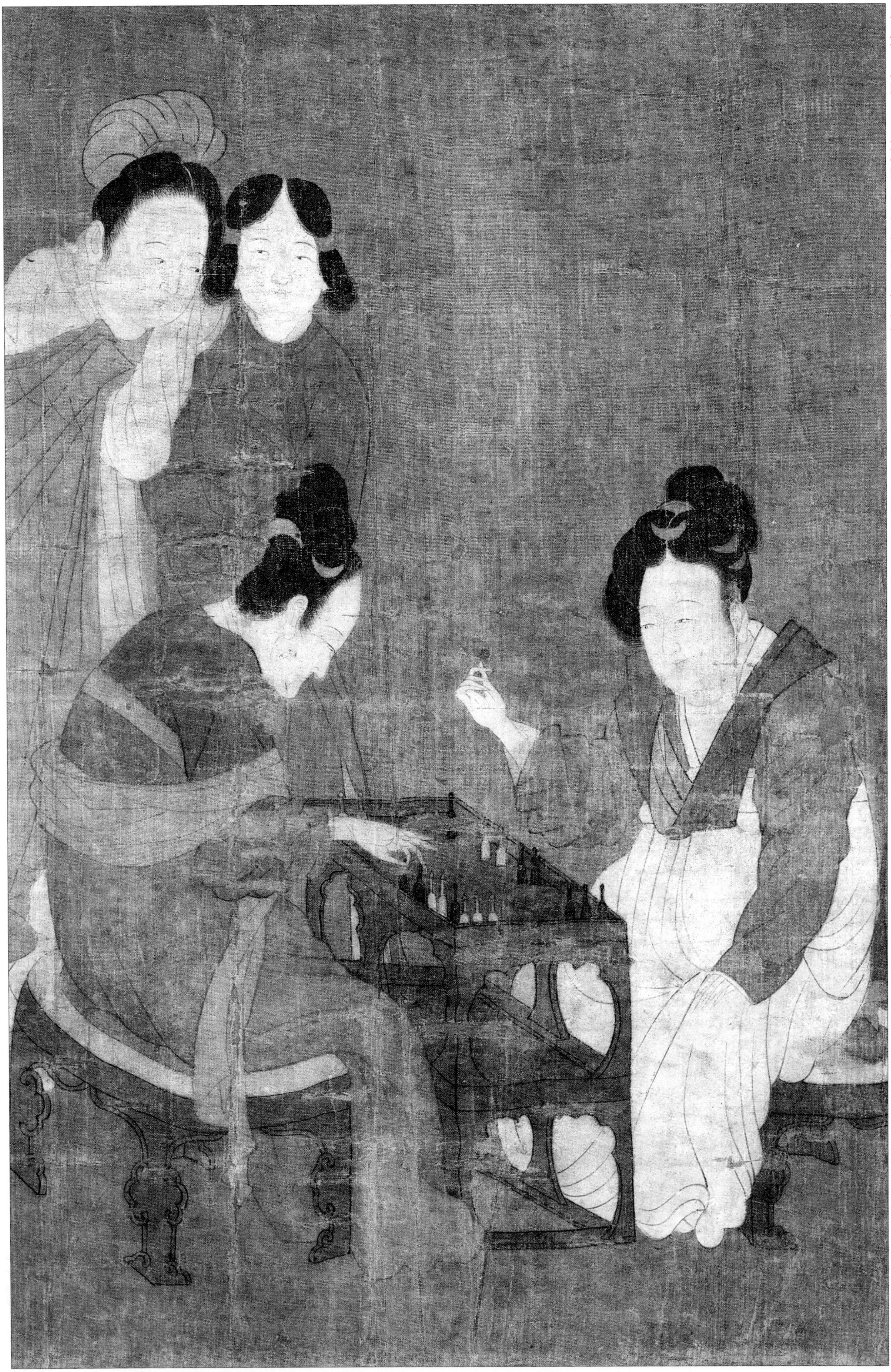

〔唐〕周昉 内人双陆图（局部） 双层壶门式双陆棋局（[illegible]）

雪虑

几形源于周昉所绘《内人双陆图》，四周壶门双联，几面作浅沿拦水线，镶白石，比例较之双陆棋几倍宽，可为饮茶之几。

茶能使人涤烦雪虑，中有白石如雪，故谓『雪虑』，为洗忧虑之意。

凡壶门装饰皆是挖缺用料，相对耗费，古书说壶门是宫中门道，有壶闱之谓，宋《营造法式》写作『壸门』。南北朝时期佛教中的龛窟欢门装饰亦多用『壶门』，壶门的结形中有中分，有叠拢，有直坠，实际上是『帷幄帐带』的意象，自商代器用已有雏形。

长七十五厘米／宽七十五厘米／高六十五厘米

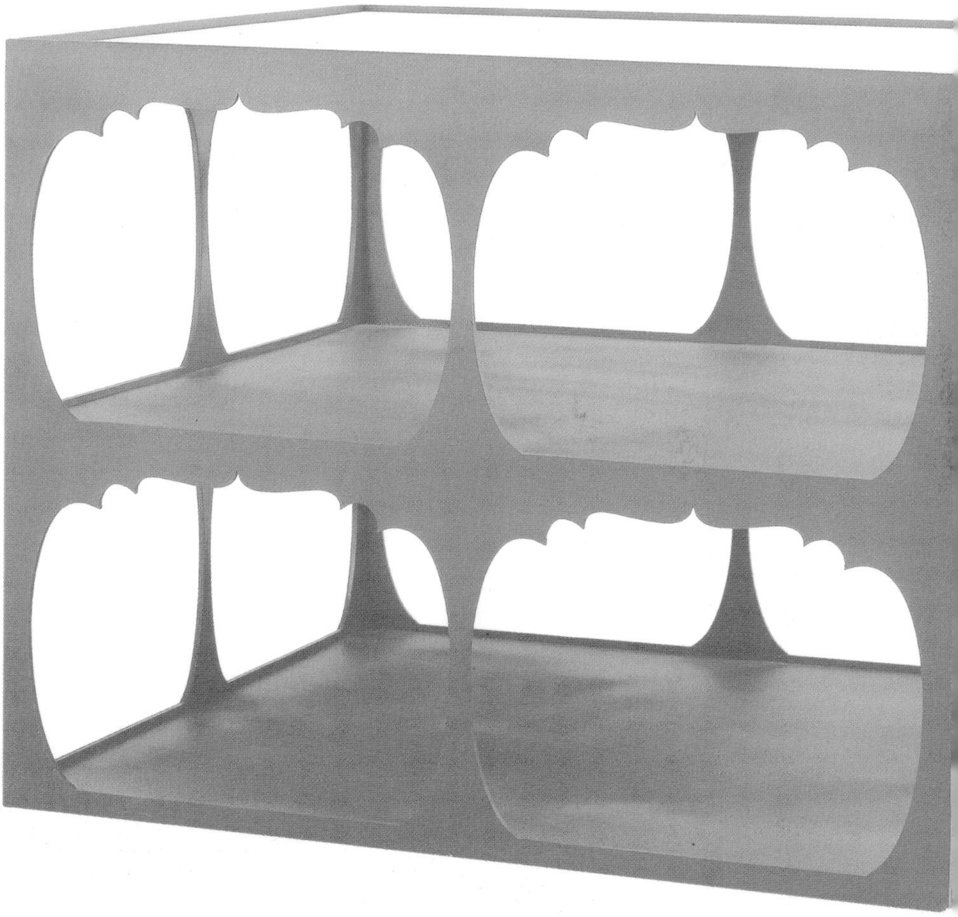

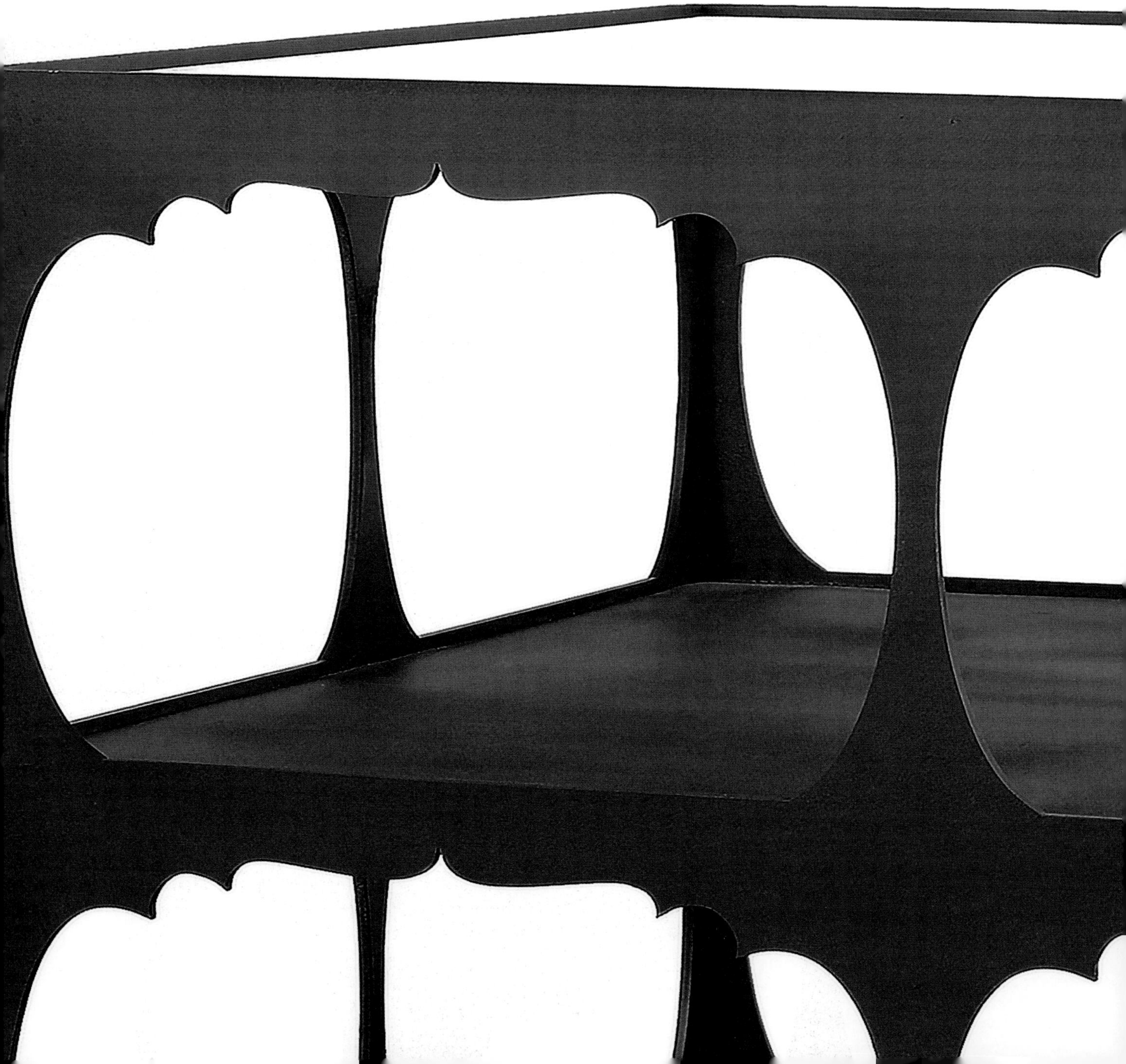

关捩

事物之紧要谓之『关捩』，本义是指转动的机械装置。

语出唐代冯贽《云仙杂记》：『舞仙盏，有关捩，酒满，则仙人出舞，瑞香毬子落盏外。』

高匮（柜）结体四平，壶门压脚，匮门四抹头，开光作圆纹、海棠纹。门框有环钮、门关，主撑启闭，凭此得『关捩』之名。

借用宋人萧廷之《西江月》：『拨动顶门关捩，自然虎啸龙吟。』

长八十厘米／宽四十八厘米／高一百七十二厘米

排闼

推门谓之『排闼』。

宋代王安石《书湖阴先生壁》：『一水护田将绿绕，两山排闼送青来。』

琴几板足壶门开光，两端折角而立，犹如两扇门扉，故思『排闼』之意。

长一百三十七厘米／宽三十八厘米／高七十厘米

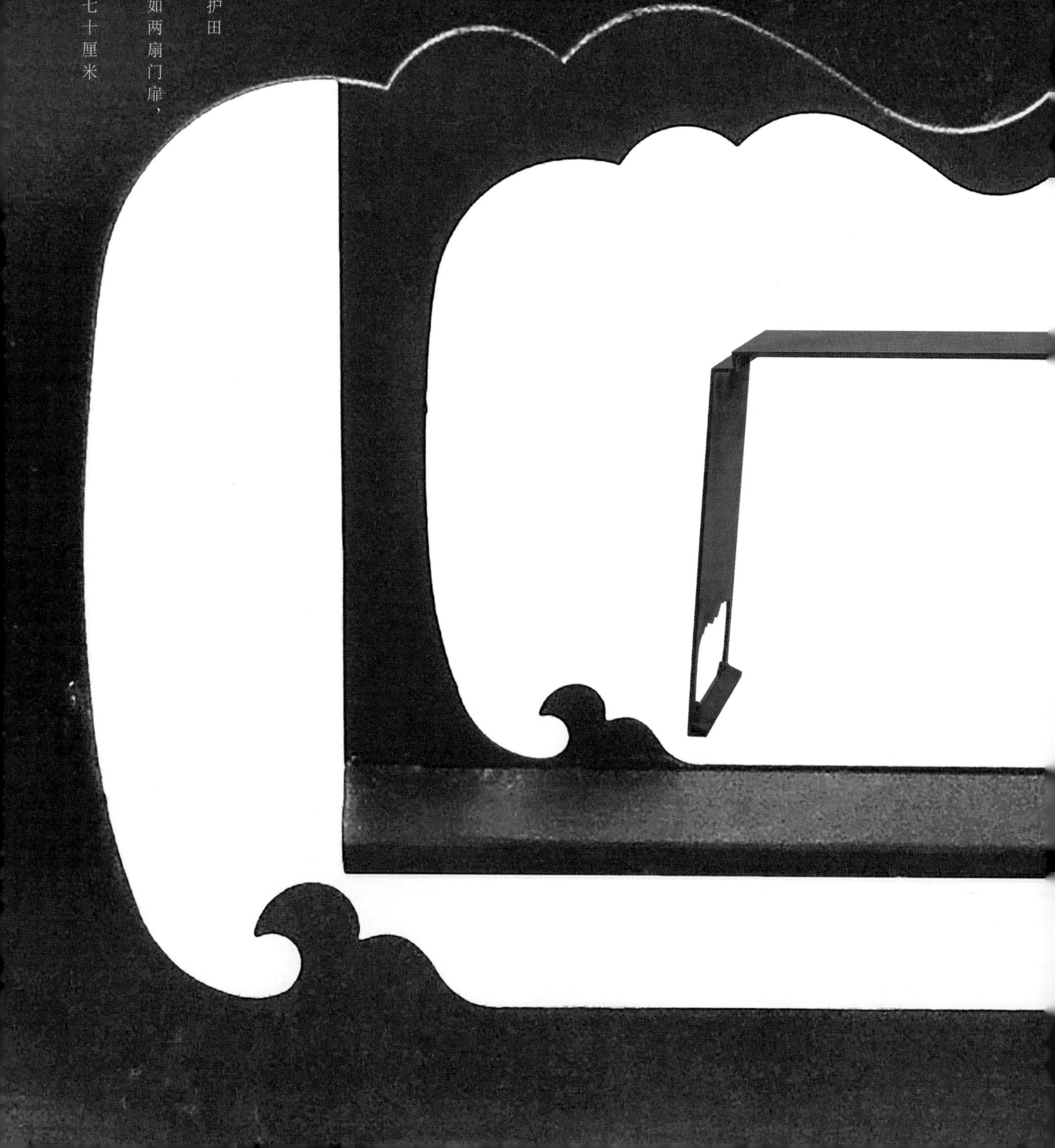

〔五代南唐〕周文矩 十八学士图卷（局部）竹箧盝顶经笥

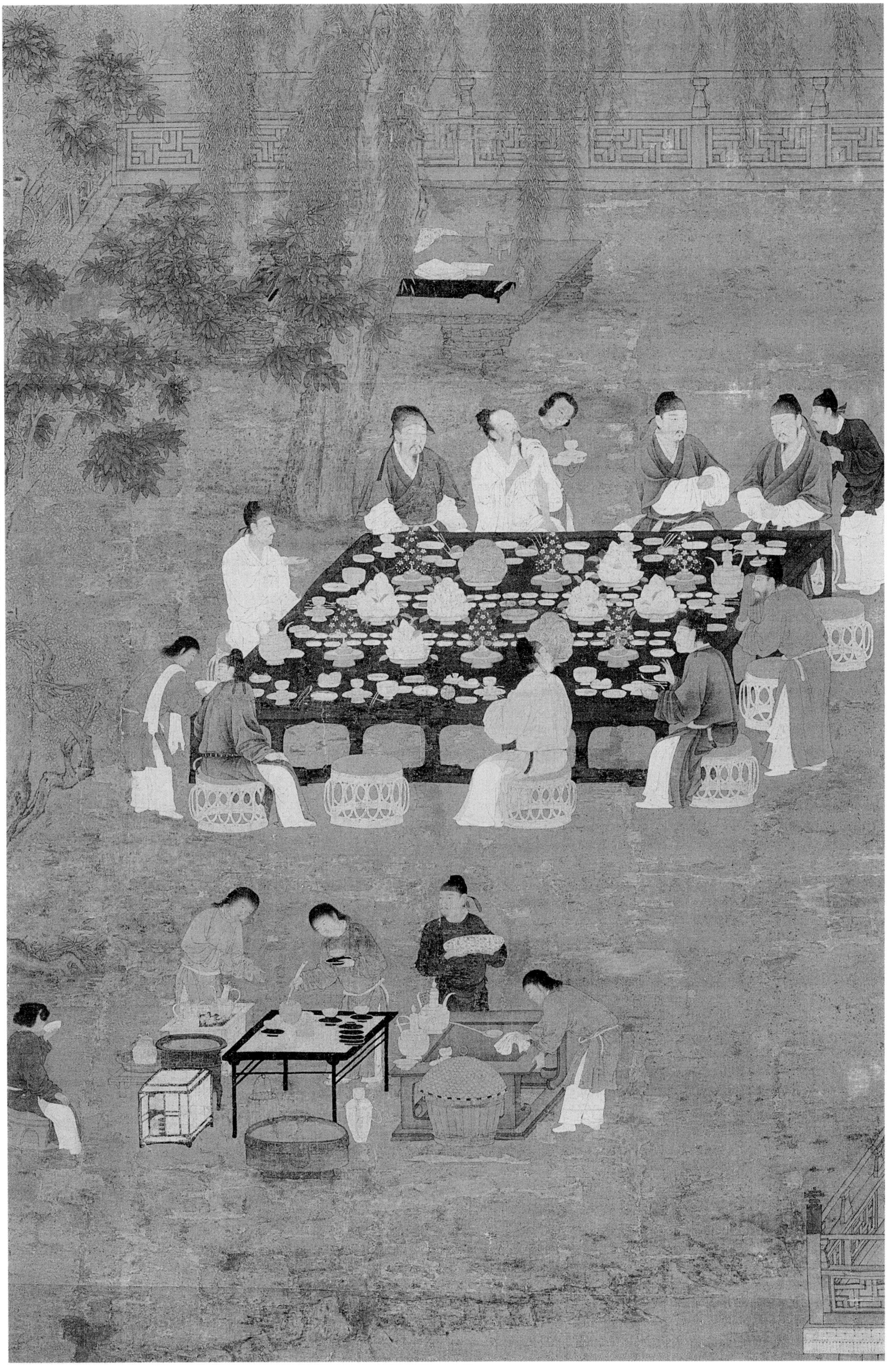

宋徽宗赵佶《文会图》（局部）中庶羞满桌，杯盘有序，近处辇茶正忙，旁置盝顶小匣。

连障

峰峦相接谓之『连障』。

唐代吴融《和严谏议萧山庙十韵》：『一隅连障影，千仞落泉声。』

茶柜四平式，面屉落塘，正面为四抹四联通屏式。四门相接谓之『连』，疏透隐约，障人之目，自谓『连障』。

长九十六厘米／宽三十六厘米／高六十六厘米

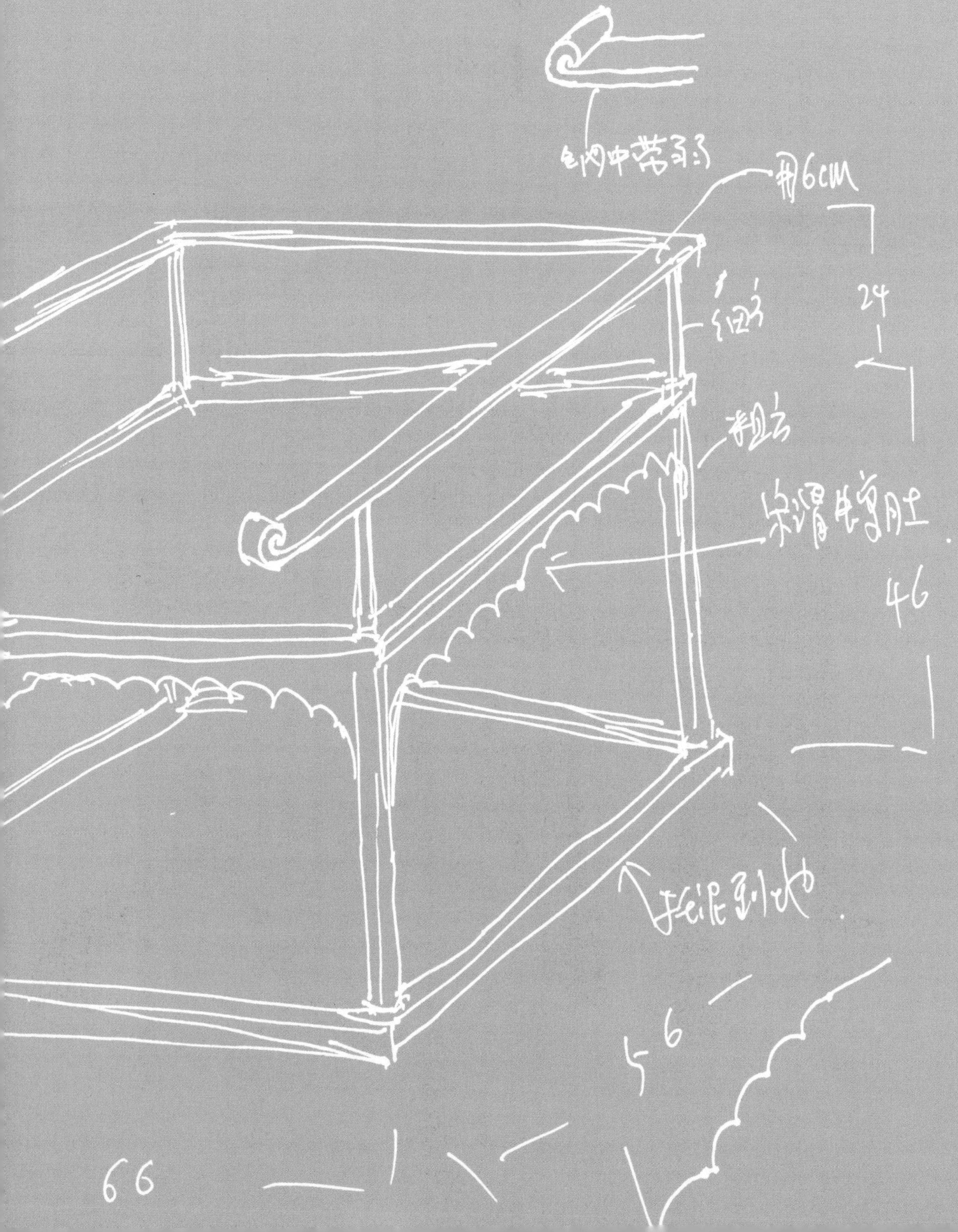

24
细
粗
46
拖泥到地
56
66

相服

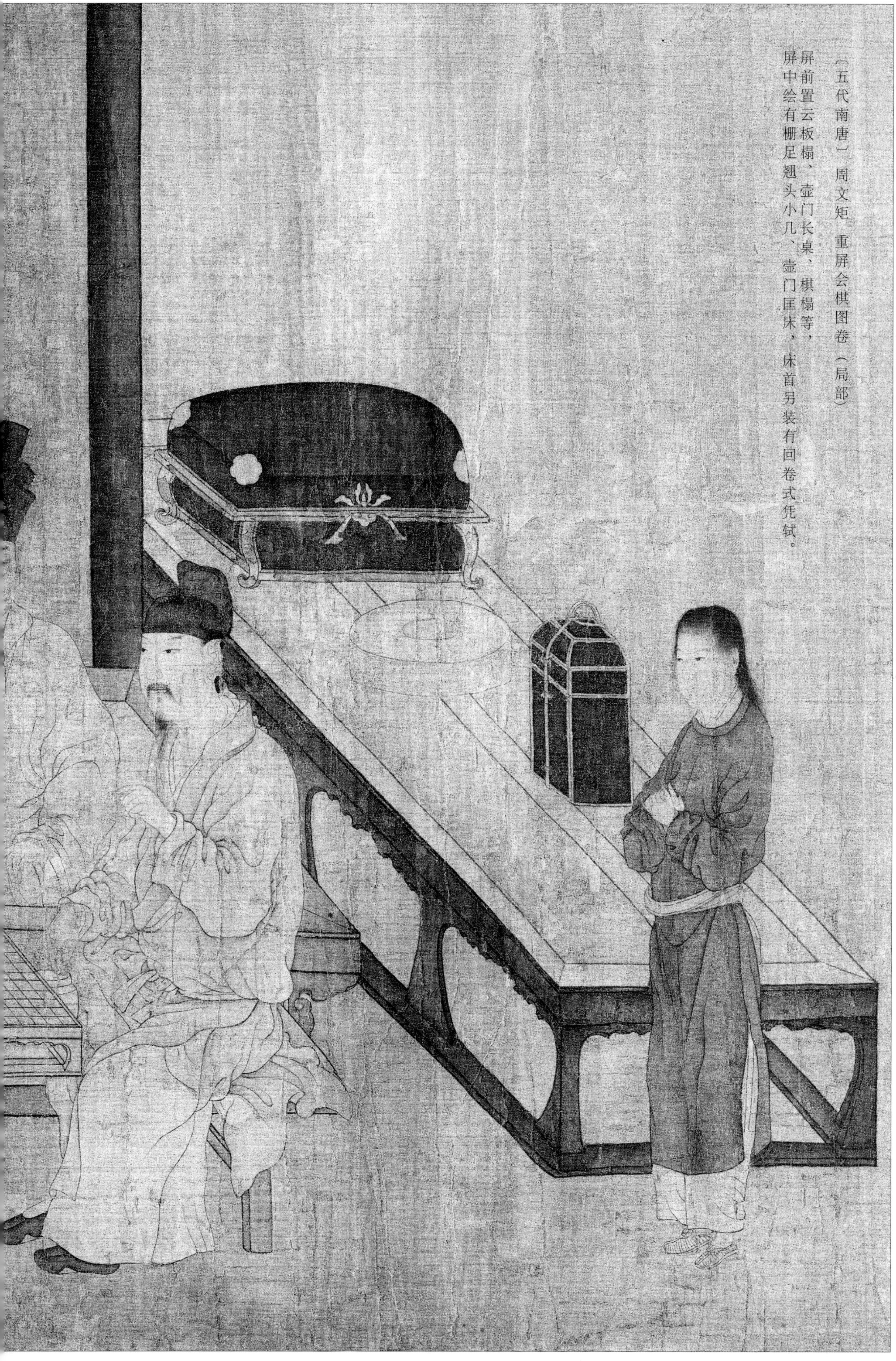

〔五代南唐〕周文矩 重屏会棋图卷（局部）

屏前置云板榻、壶门长桌、棋榻等，屏中绘有栅足翘头小几、壶门匡床，床首另装有回卷式凭轼。

相瞰

相互照应谓之『相瞰』。南朝梁刘勰《文心雕龙·熔裁》：『篇章户牖，左右相瞰。』

禅座匡形，扶手扁平，出头回卷，腿柱之间用蝉肚吊头挂牙，带托泥。

宋人丘葵《再次前韵呈吴天游居士》：『心在江湖身在城，暂分禅座觉神清。』

长六十六厘米／宽五十六厘米／高七十厘米／座高四十六厘米

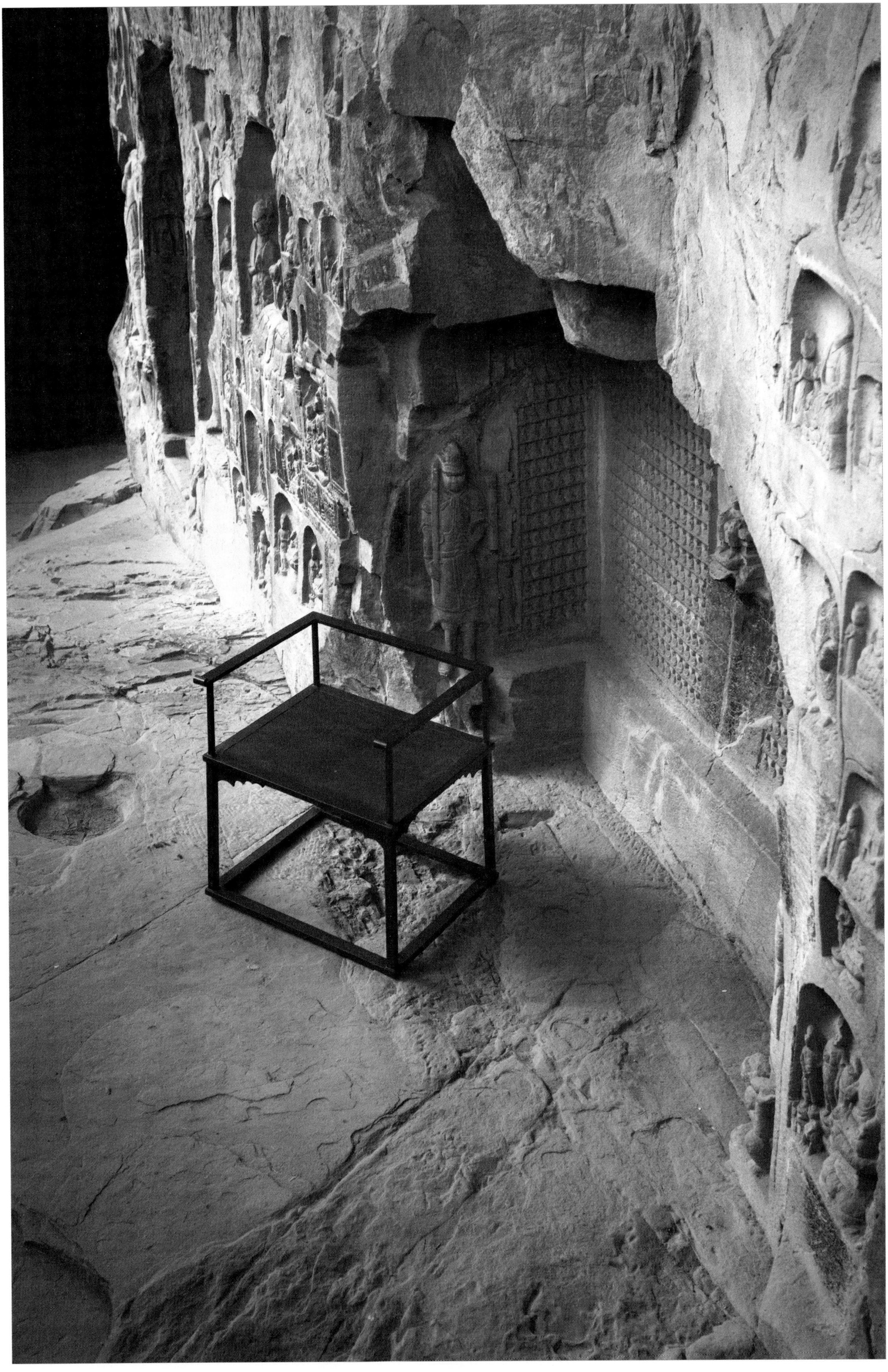

蝉联

连续相承谓之『蝉联』。
唐代陆龟蒙《引泉诗》：『是时春三月，
绕郭花蝉联。』

禅床壶门托泥式，用八足，围子用四直方眼，
两侧围子前端作阶级递减式，
此造法最早见于湖北包山战国楚墓所出土的木作折叠匡床。
禅床四周壶门上端的波折犹如『蝉肚』，
又连绵不断，故谓之『蝉联』。『蝉』又通『禅』音。

坐禅之床谓『禅床』。
唐代白居易《郡斋暇日忆庐山草堂》：『平治行道路，
安置坐禅床。』
温庭筠《访知玄上人遇暴经因有赠》：『风飑檀烟销篆印，
日移松影过禅床。』
赵嘏《寄山僧》：『云里幽僧不置房，橡花藤叶盖禅床。』

长一百八十六厘米／宽七十厘米／高六十五厘米／座高四十六厘米

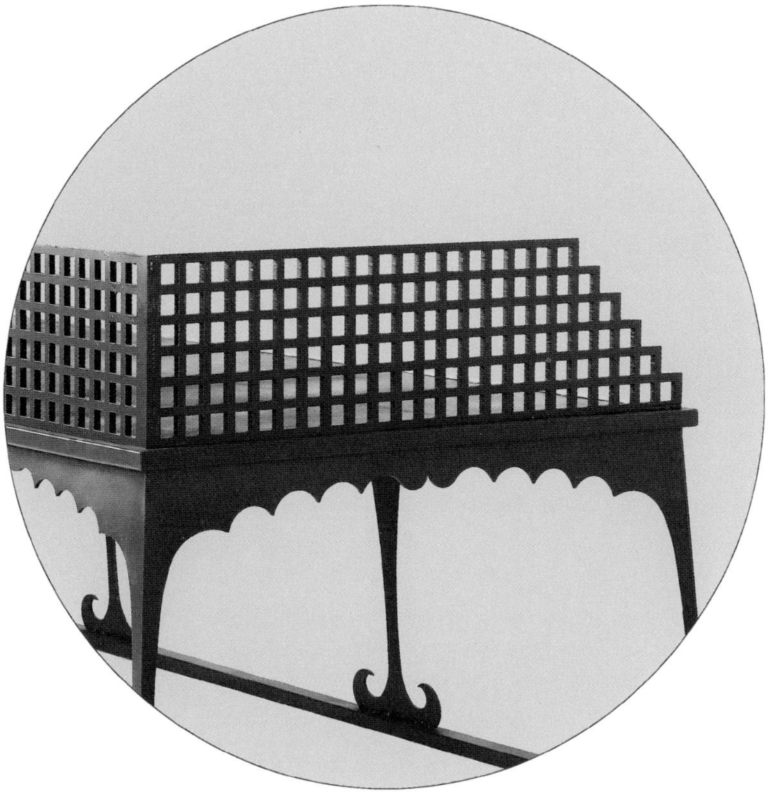

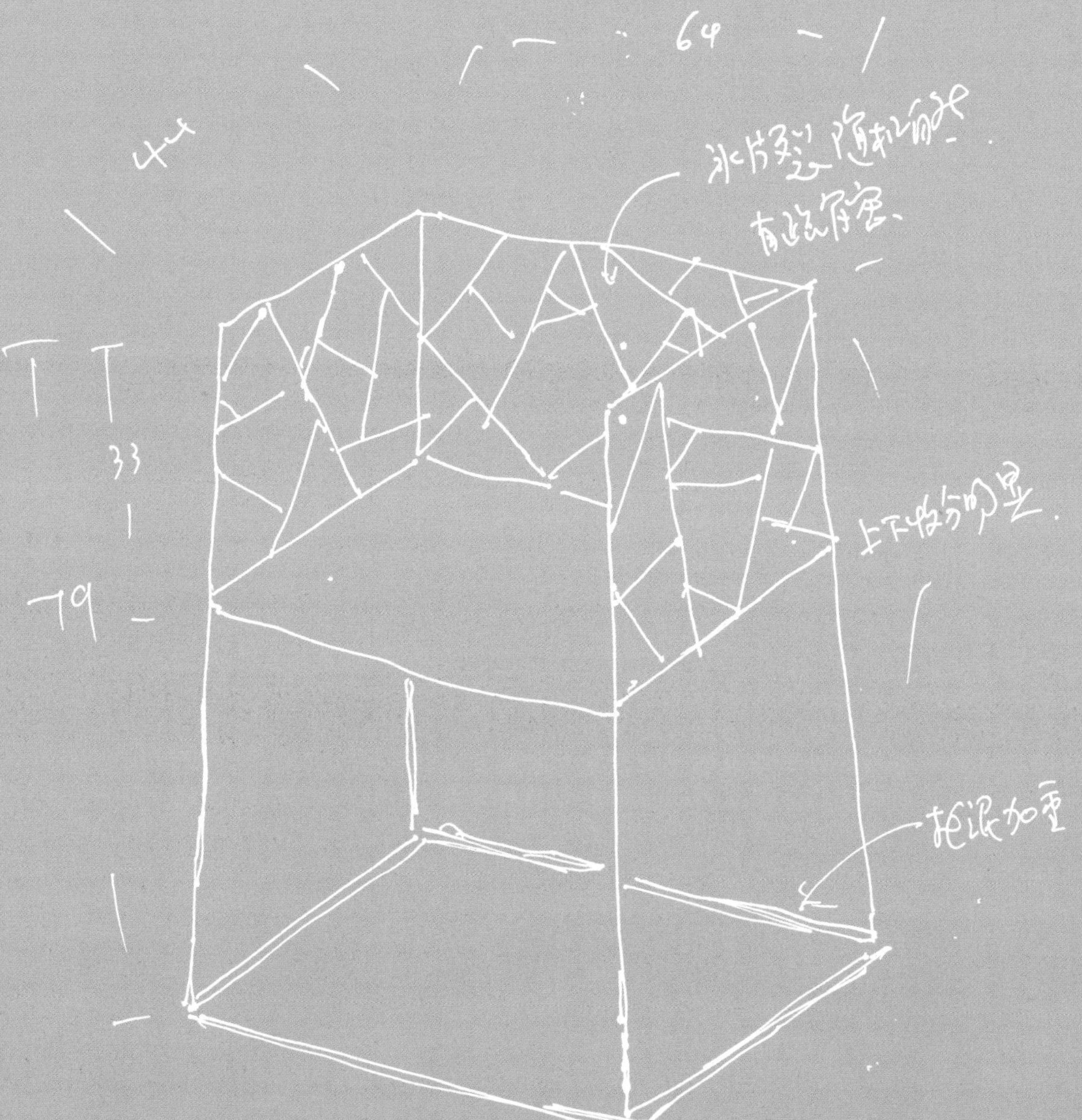
64
44
33
79
冰片裂 随机自然.
有疏有密、
上下收分明显.
托泥加重.

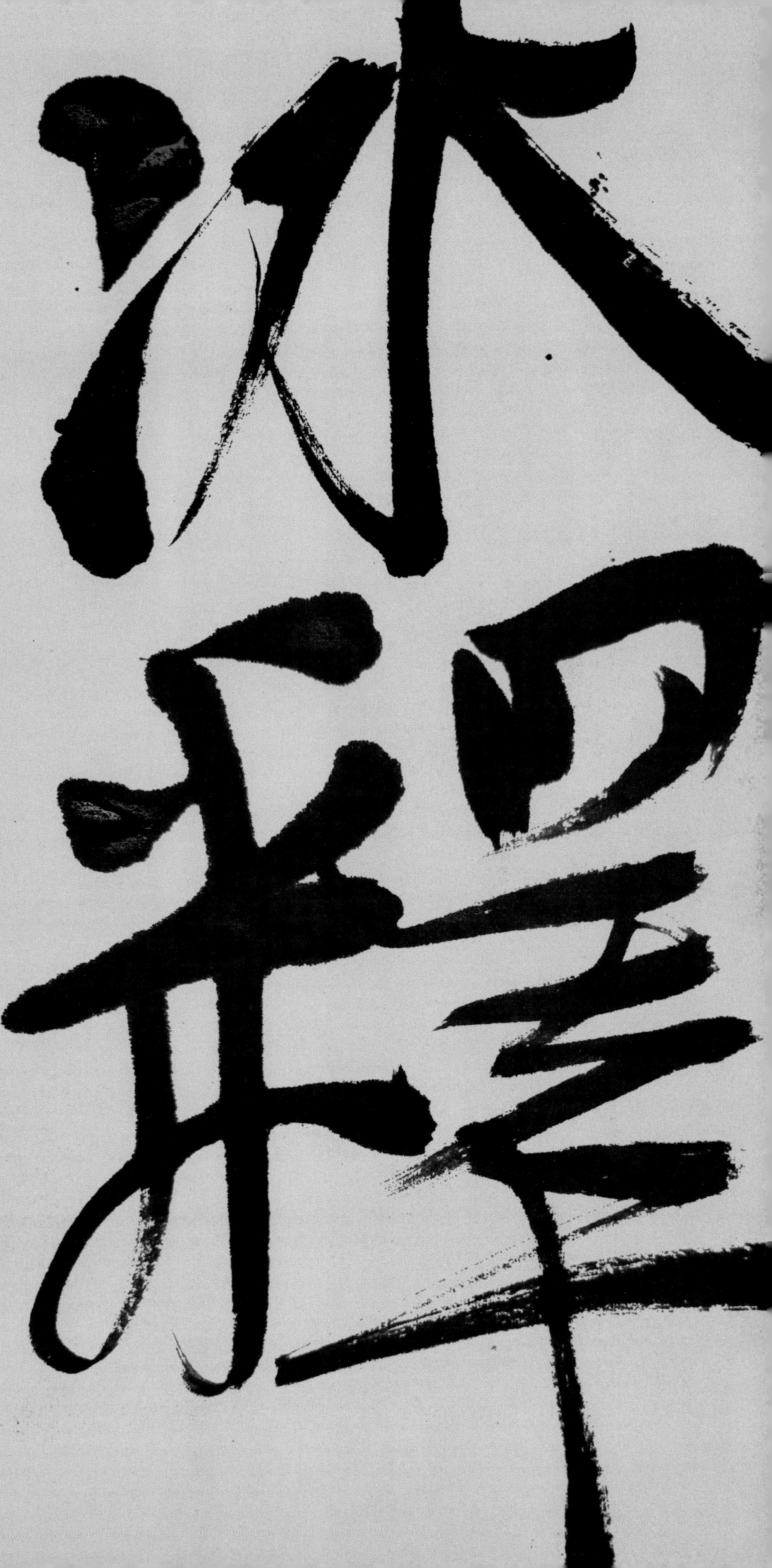
冰釋

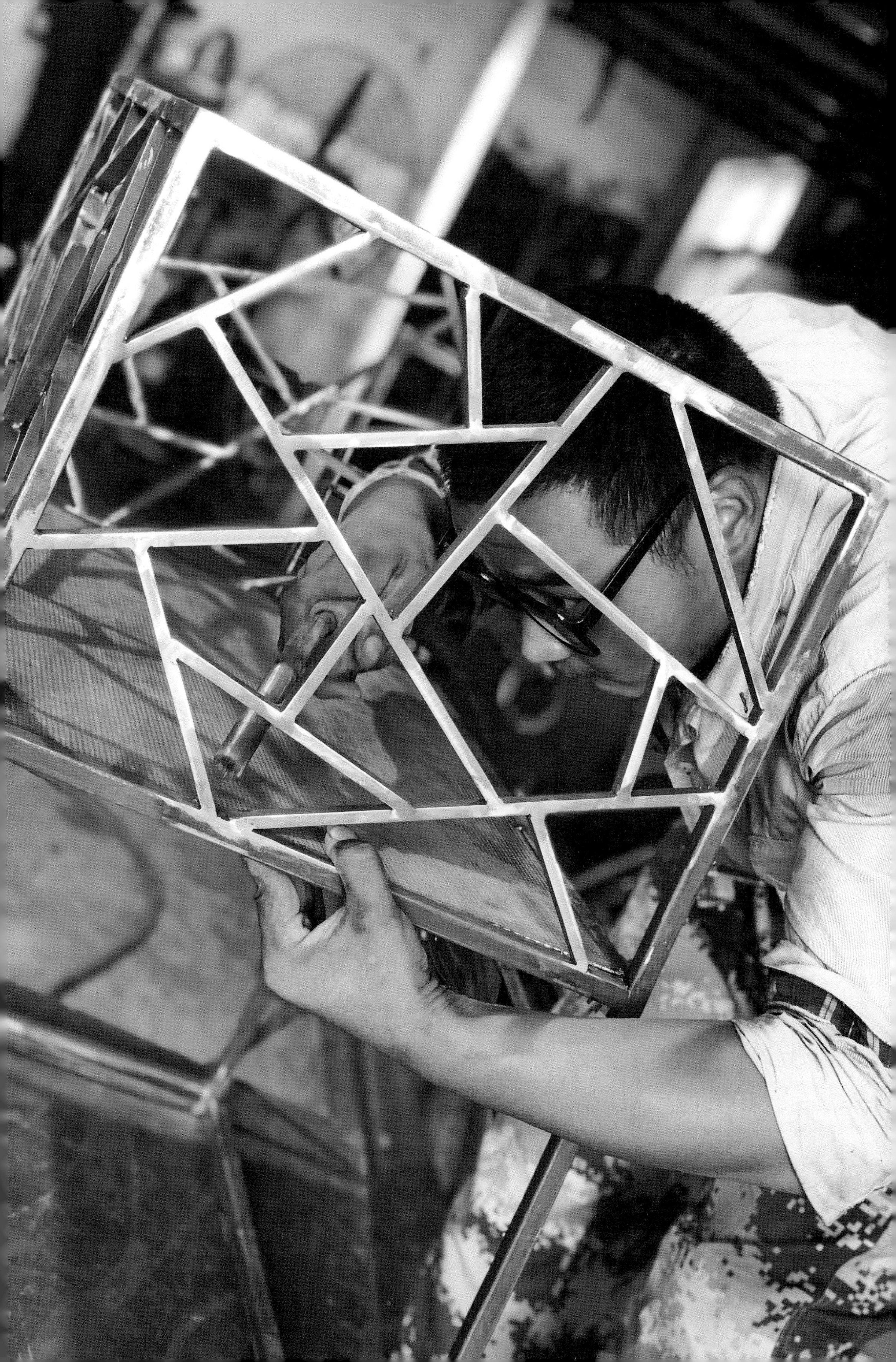

冰释

冰渐消融谓之『冰释』。

语出《老子》：『古之善为士者，微妙玄通，深不可识。夫唯不可识，故强为之容，豫兮若冬涉川，犹兮若畏四邻，俨兮其若客，涣兮若冰之将释。』

匡椅用透空『冰裂纹』，疏密有致，涣然成章。冰裂纹亦称『冰片纹』，寓意万物复苏，生机将至，常有『冰冻三尺非一日之寒』之激励。冰片纹亦寓意纯洁、淡泊，如唐代王昌龄《芙蓉楼送辛渐》：『洛阳亲友如相问，一片冰心在玉壶。』

冰片纹的裂隙几乎全是攲斜之状，无对称，无居中，有随机连续的自然天成之美。

长六十四厘米／宽四十四厘米／高七十九厘米／座高四十六厘米

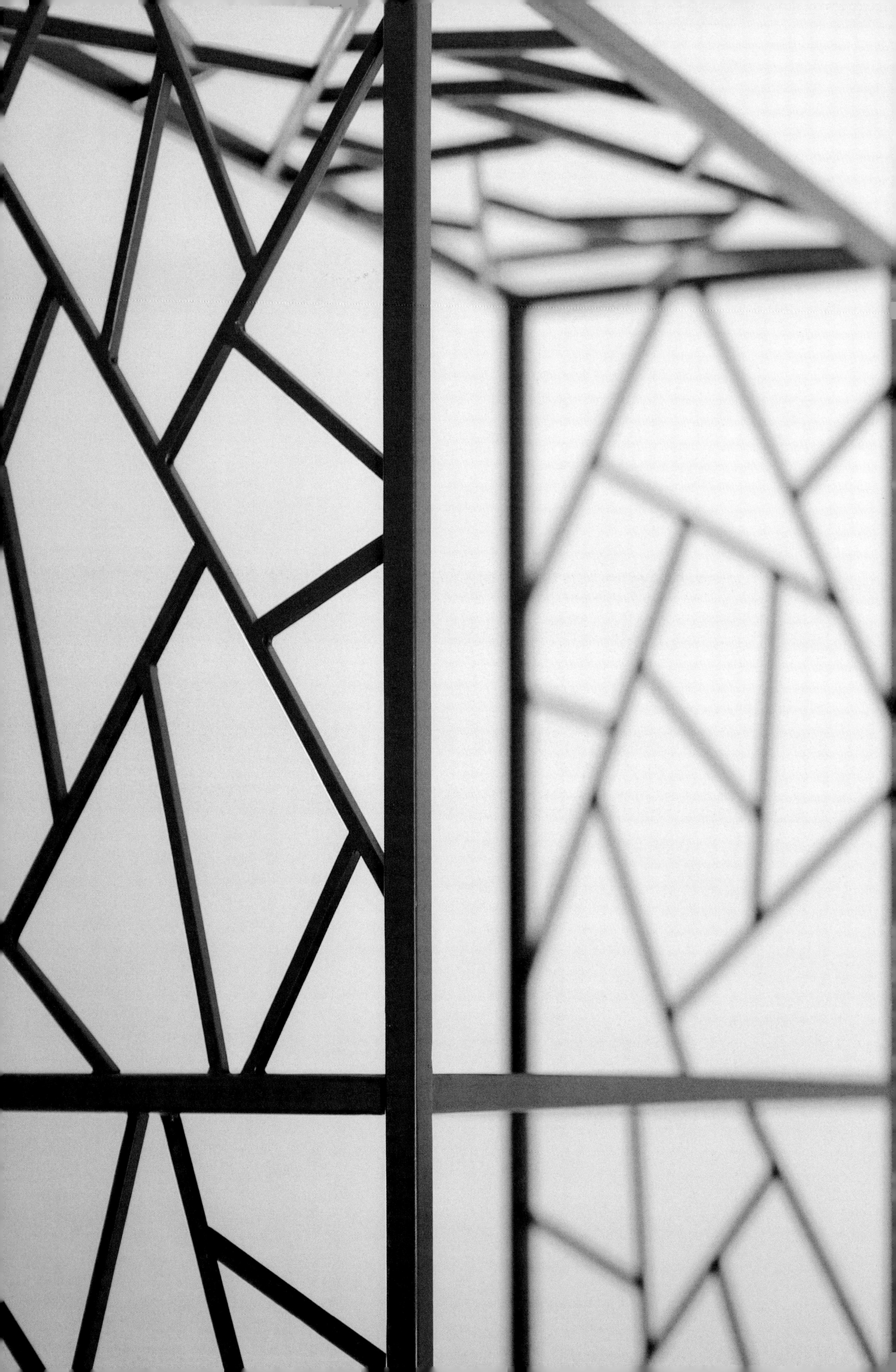

青凝

青凝，意指冰片。

语出唐代李白《夜坐吟》：『冰合井泉月入闺，金缸青凝照悲啼。』

庋架四层，前后全敞，左右冰纹相照。若立于粉墙之前，置物则清晰可见，物愈少愈净，以错落为佳。

长八十一厘米／宽三十六厘米／高一百九十八厘米

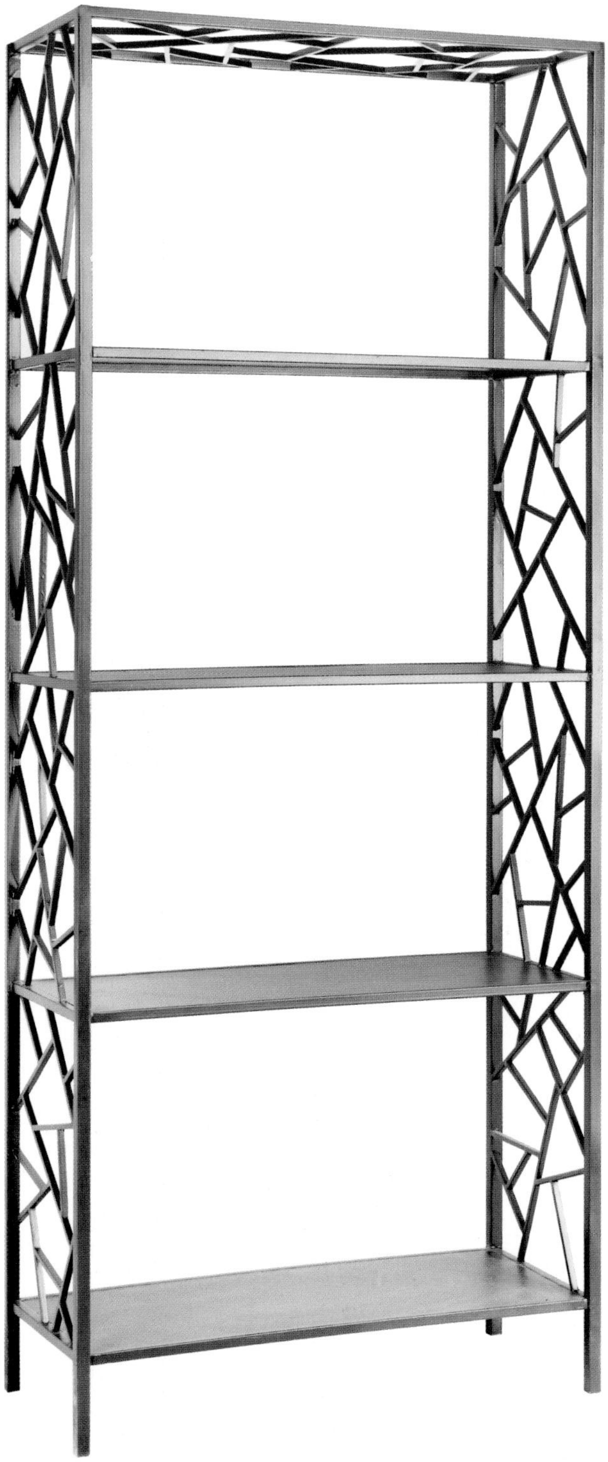

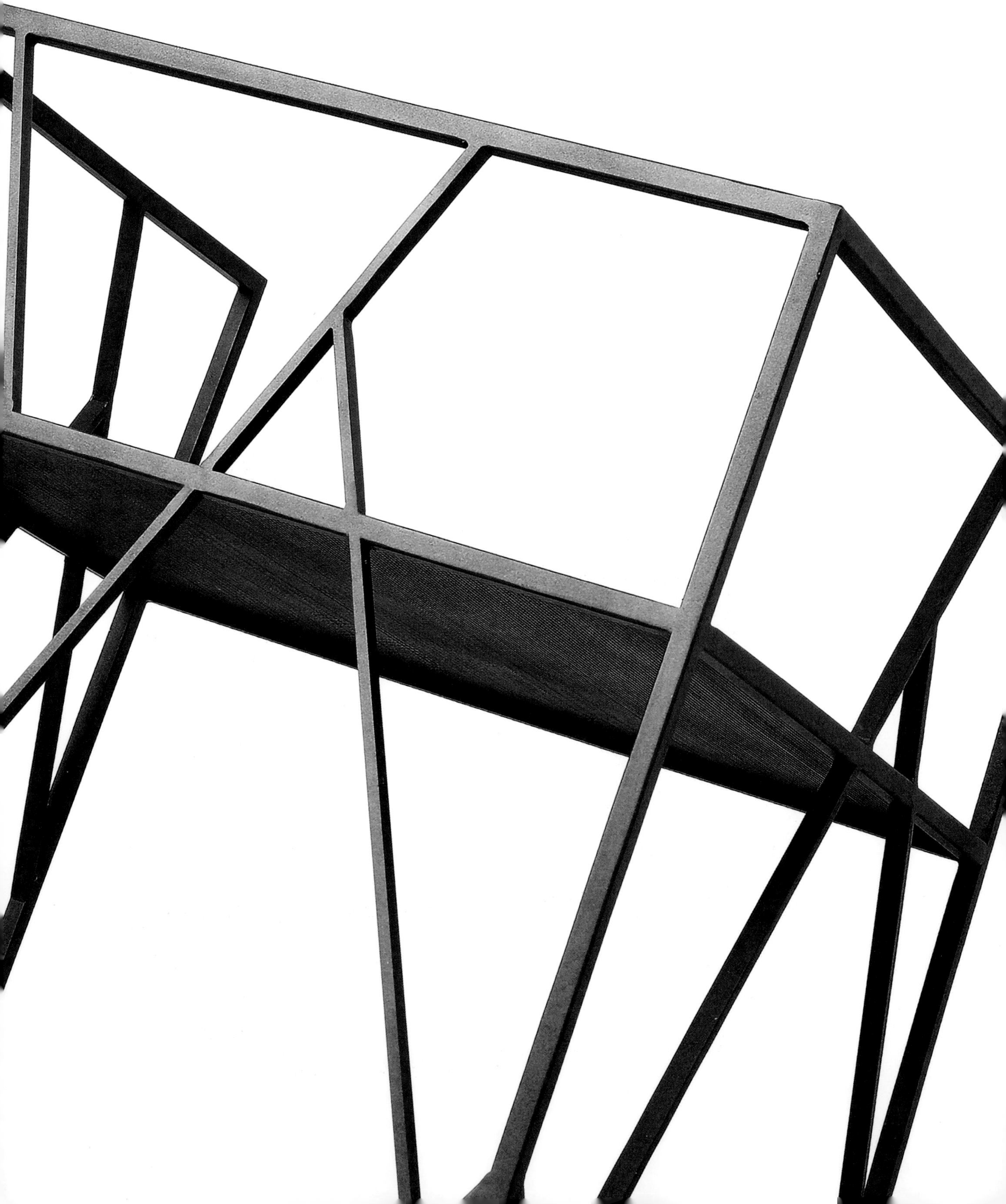

风解

风行水上，吹释薄冰，谓之『风解』。

语出宋人杜安世《玉楼春》：『风解池冰蝉翅薄，庭树枝枯笼翠萼。』

椅座大冰片穿接，外整而内斜，如牢笼未敢冲出，如拘束未敢压抑。

愚所著《文心飞渡》谓之『提醒』，今谓之『风解』，此间意，是彼间意，心境各异。

长六十七厘米／宽五十七厘米／高七十厘米／座高四十七厘米

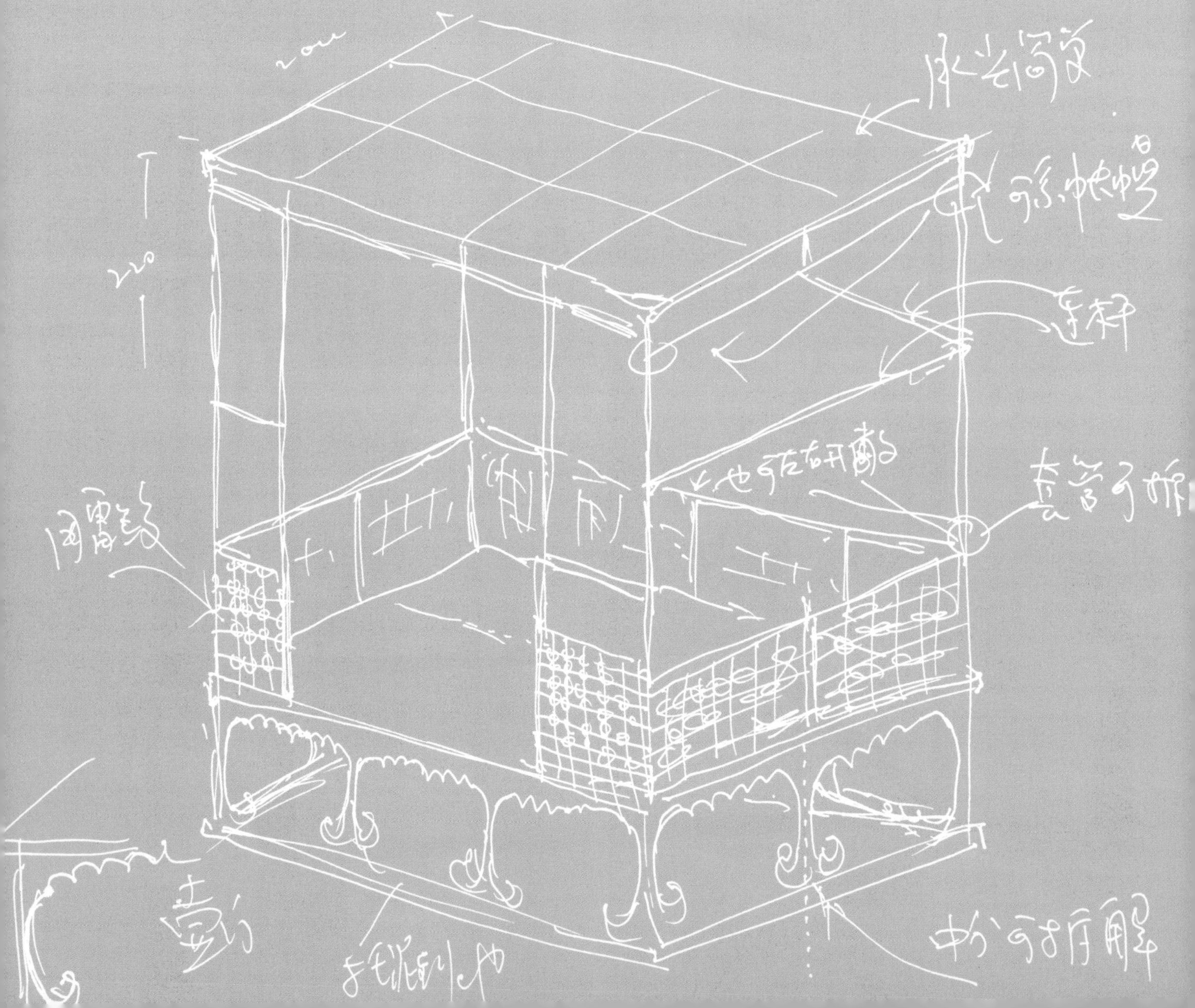
220
可系帐幔
连杆
套管可拆
壸门

嶂
霞

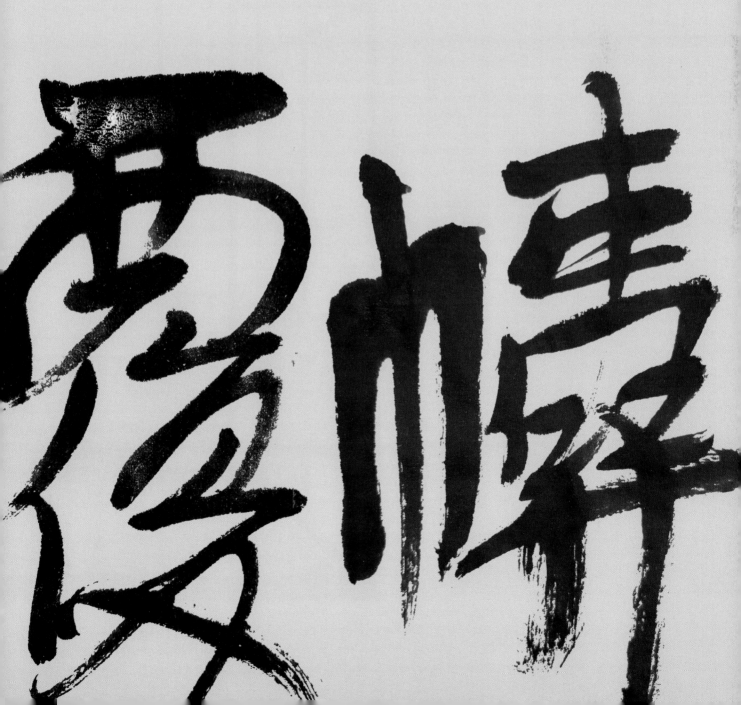

覆帱

帱，本义是指帐幔。覆帱，犹覆被。
此间之意语出宋人李纲《山居四咏》：『何似禅房褚夫子，
日高覆帱拥衾眠。』

帐床用四直雷纹围栏，床座为壶门托泥式，四周帐柱连枨，
承尘（床顶天花）为四直敞格。帐床亦称『架子床』，源于佛帐与结棚。

据《开元天宝遗事》所载，长安富家子每至暑中，
各于林亭内立画柱，以锦绮结为凉棚，设坐具，宴饮避暑。
李渔在《闲情偶寄》中专门谈到床：『人生百年，所历之时，日居其半，
夜居其半。日间所处之地，或堂或庑，或舟或车，总无一定之在。
而夜间所处，则只有一床，是床也者，乃我半生相共之物。
较之结发糟糠，犹分先后者也，人之待物其最厚者莫过此。』

长二百二十二厘米／宽一百六十厘米／高二百二十七厘米／座高四十五厘米

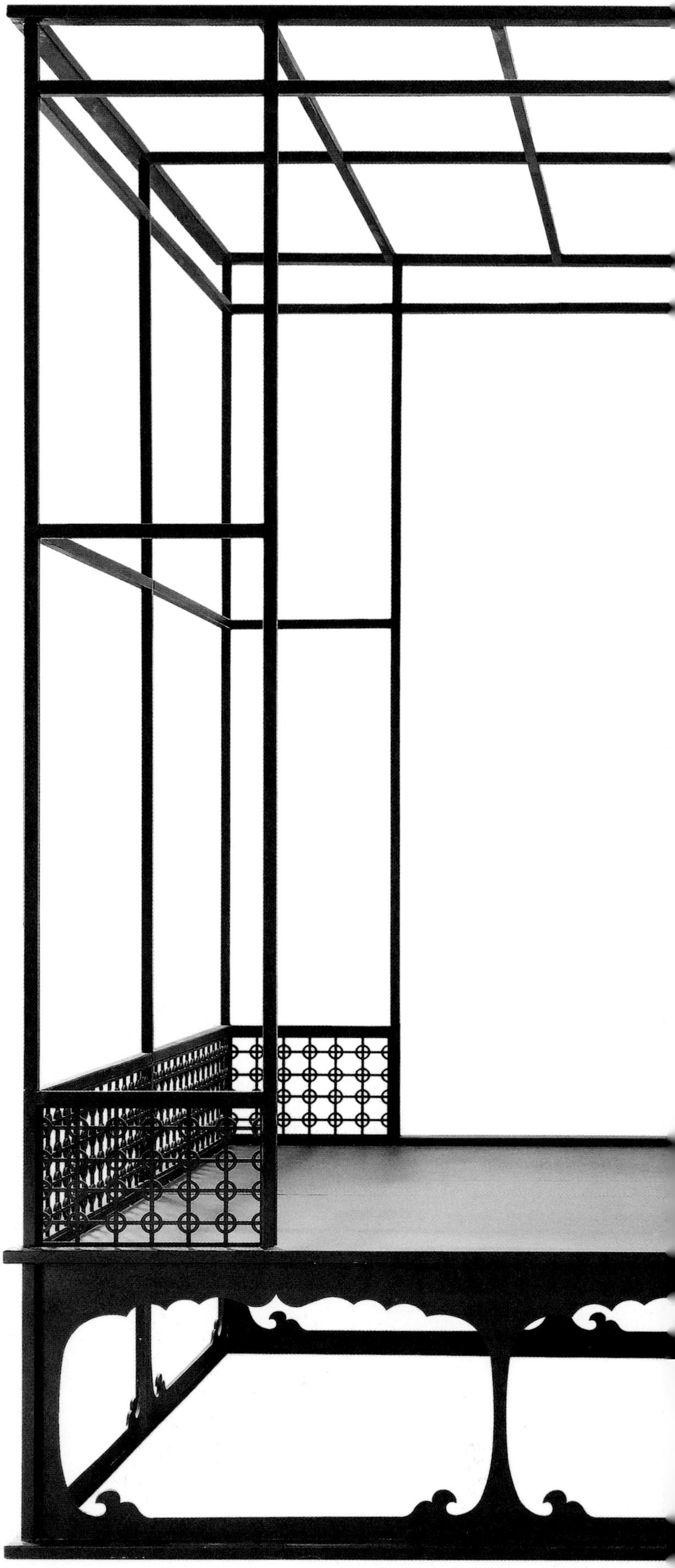

明人文震亨《长物志》：『若竹床及飘檐、拔步、彩漆、卍字、回纹等式俱俗。』
飘檐是指带有出檐的架子床；
拔步，或称『八步床』，是指床外连座增加回廊式的大床；
彩漆，是指髹漆款彩的大床。以上诸式，启美先生皆以为俗。

明清时期的架子床装拆过程

重茵

茵，指茵席坐垫。以『重茵』引申为坐床。
语出唐代元稹《竹簟》：『竹簟衬重茵，
未忍都令卷。忆昨初来日，看君自施展。』

床围三面作卧棂式，唯正面加心柱，密列如篦栉，
八足带托泥，通身为纵横直线，净正而不杂。

栅式装饰的同形并构，『行行重行行』，
是中国渔农思想的『栅栏』意象的体现，
其疏密相间，纯洁空明，总透着一股清美力量。

长二百一十厘米／宽七十七厘米／高六十二厘米／座高四十二厘米

薰风

初夏的东南风夹带着薰草的香气，谓之『薰风』。
据传舜唱《南风歌》，有『南风之薰兮』句。
唐代白居易《首夏南池独酌》：『薰风自南至，吹我池上林。』
薰风到凉床，最宜幽人栖。

凉床框架结体，上下收分显著，
围阑的上接头皆留空口，以高低心柱栽立。

长二百一十二厘米／宽九十二厘米／高六十六厘米／座高四十三厘米

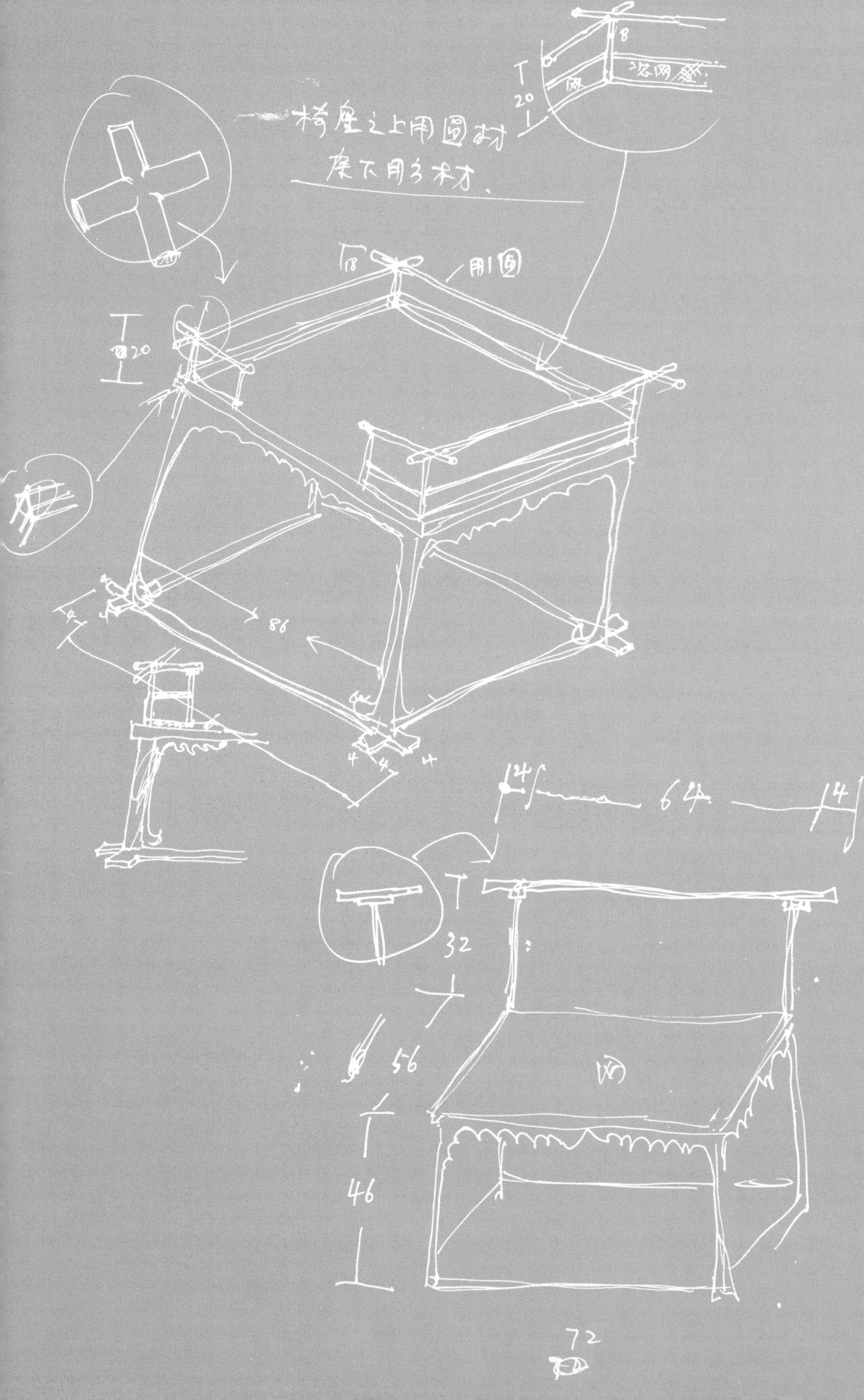
椅座之上用圆材
座下用方材
用圆
8
20
18
20
86
4
4
4
4
4
64
4
32
56
46
72

逃禅

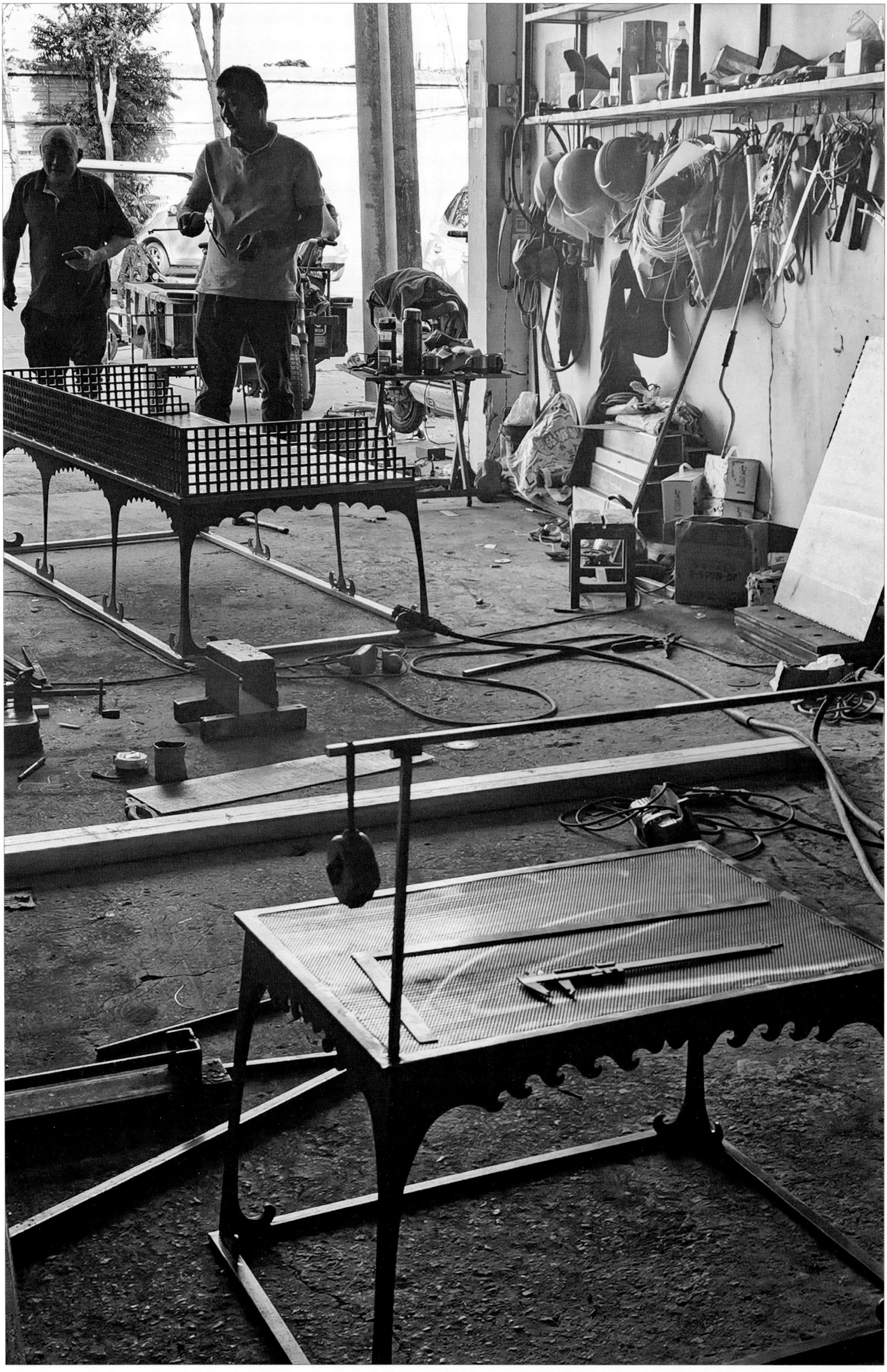

逃禅

所谓『以无端之空虚禅悦，自悦于心』，遁世而披剃空山谓之『逃禅』。

唐人牟融《题寺壁》：『闻道此中堪遁迹，肯容一榻学逃禅。』

禅椅单背稍向前倾，枕梁两出头，近座面加横枨，不设扶手，座面四周装壶门牙子，托泥到地。

禅坐以『结跏趺坐』为形，双手或合十，或法界定，或上品上生等。

长六十五厘米／宽四十八厘米／高七十六厘米／座高四十四厘米

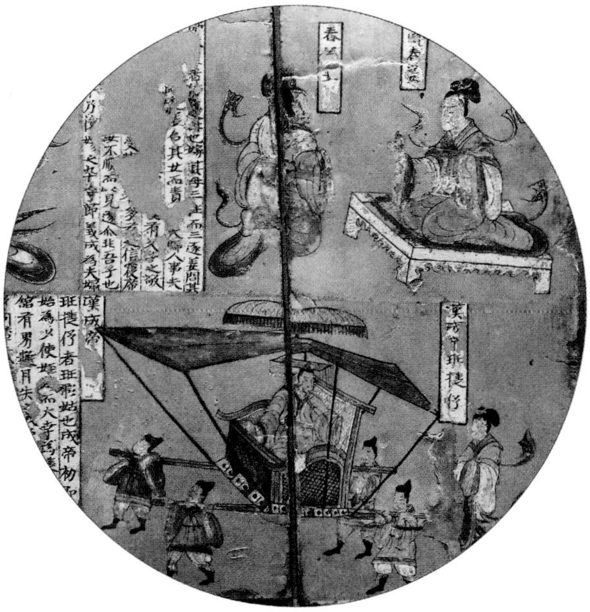
漢成帝
漢成帝班倢伃

阑篱

阑，指阑干；篱，指篱栅。
语出元人刘祁《归潜志》卷十三：『崖腋有草庵，
且阑篱种菜芋，亦道士舍。』

椅座低阑，转角绞角造，
座面四周装壶门牙子，绞角托泥到地。

长九十八厘米／宽七十三厘米／高六十五厘米／座高四十五厘米

左页上图为北魏司马金龙墓出土的漆画局部，
画中有肩舆与独坐壶门矮榻。
左页中图为河北磁县出土的北朝时期的石棺床局部，
壶门兜转缘边。
左页下图为宋画《孝经图》绞角勾阑。

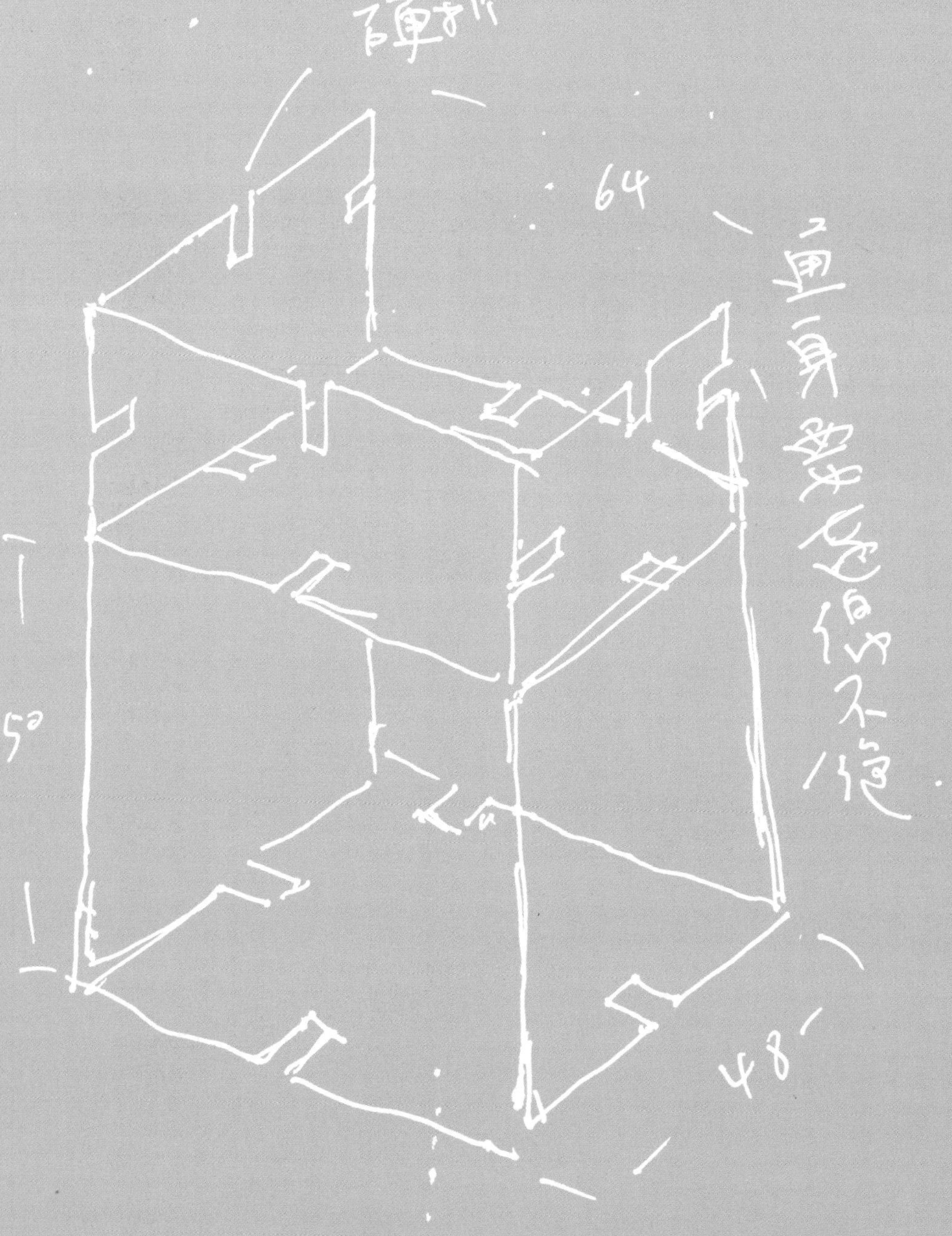
64
50
48

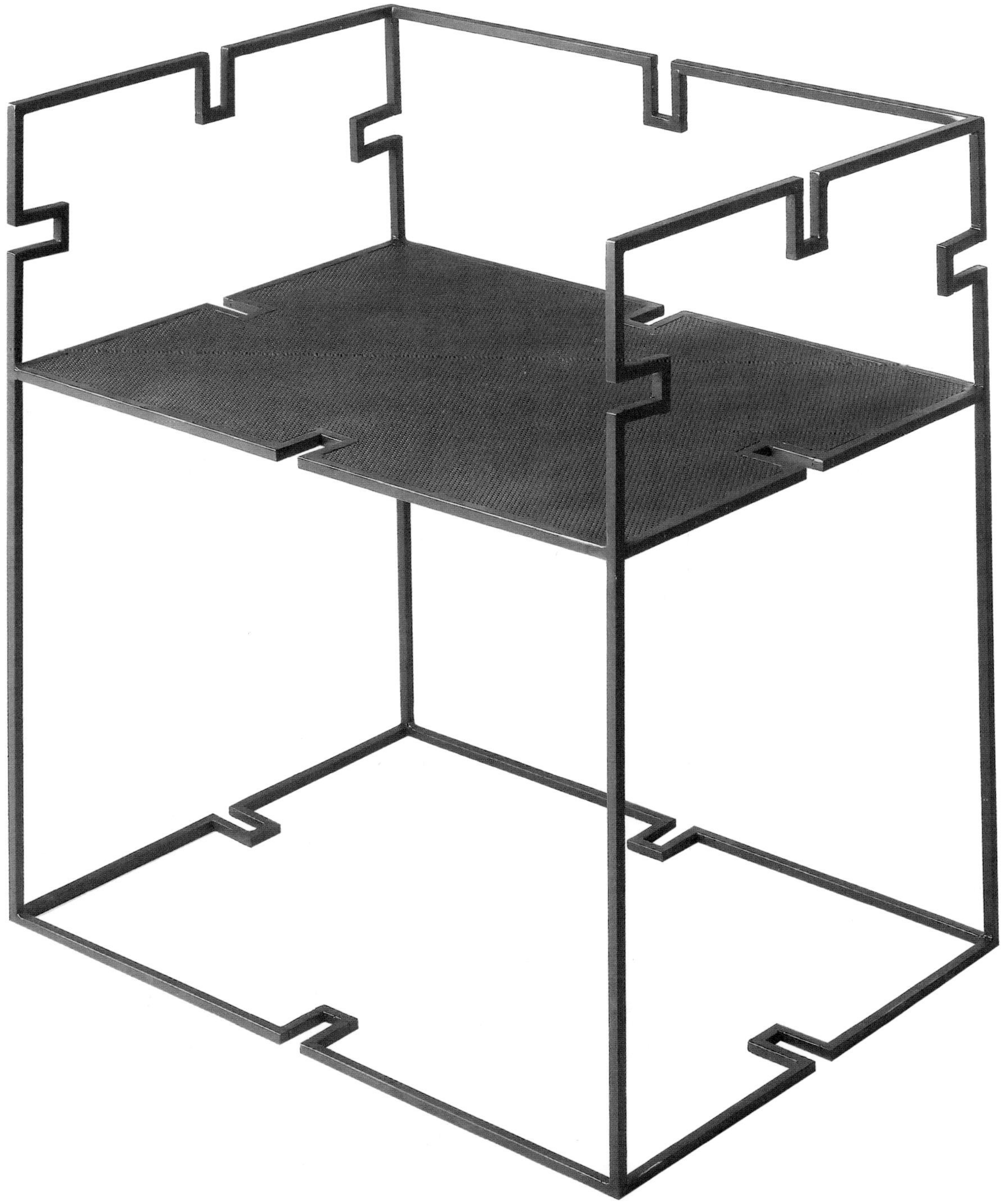

蔓延

椅子结体源于『一根藤纹』装饰，其头尾相接，周而复始，又如蔓草滋生，连绵不断，故谓之『蔓延』。

语出《诗·郑风》：『野有蔓草，零露漙兮。』唐孔颖达疏：『郊外野中，有蔓延之草。』

宋人曹勋《山居杂诗》：『栽竹勿傍墙，种蕉莫近砌。顷之根蔓延，寝乃坏阶戺。』诗中描写了芭蕉、竹根的蔓延。蔓延象征着生命力旺盛。

通常椅子的出头为齐头或抱圆，齐头伸出是表达线条的干脆与截然；抱圆出头是表达线条的弹性与内蕴。

长六十四厘米／宽四十八厘米／高七十二厘米／座高五十厘米

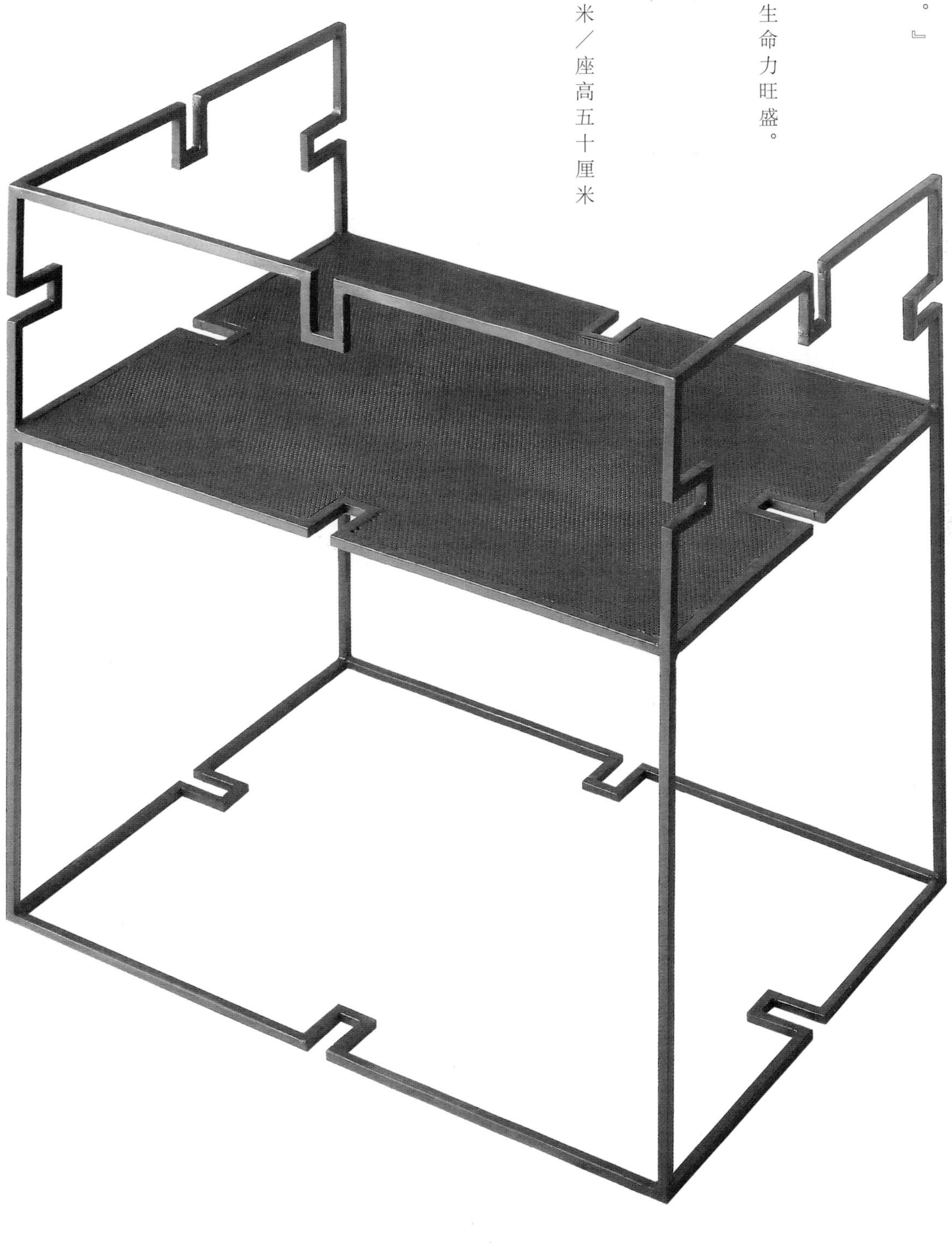

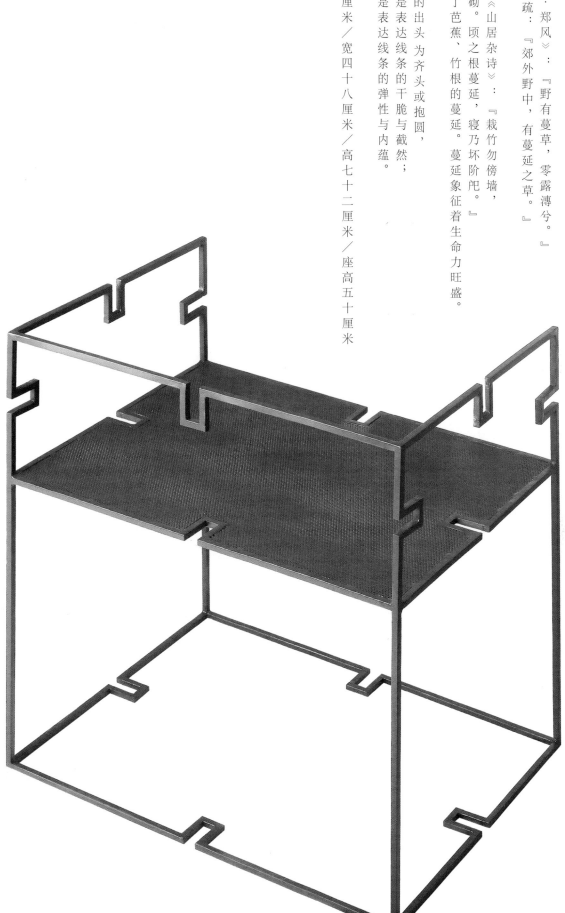

山侧

犹如词面之意，『山侧』即山的侧面。南朝梁江淹《别赋》：『舟凝滞于水滨，车逶迟于山侧。』唐代皮日休也曾作《茶中杂咏》：『九里共杉林，相望在山侧。』

罗汉床以湖石意象填铺围板，通常湖石意象代表山岳，所谓掇山是『以小见大』。再以小出头打破形态的拘束，以托泥足加固结体的承重。明人吴从先《小窗自纪》云：『加以明月照映，秋色相侵，物外之情，尽堪闲适。』

长一百八十八厘米／宽七十六厘米／高七十厘米／座高四十二厘米

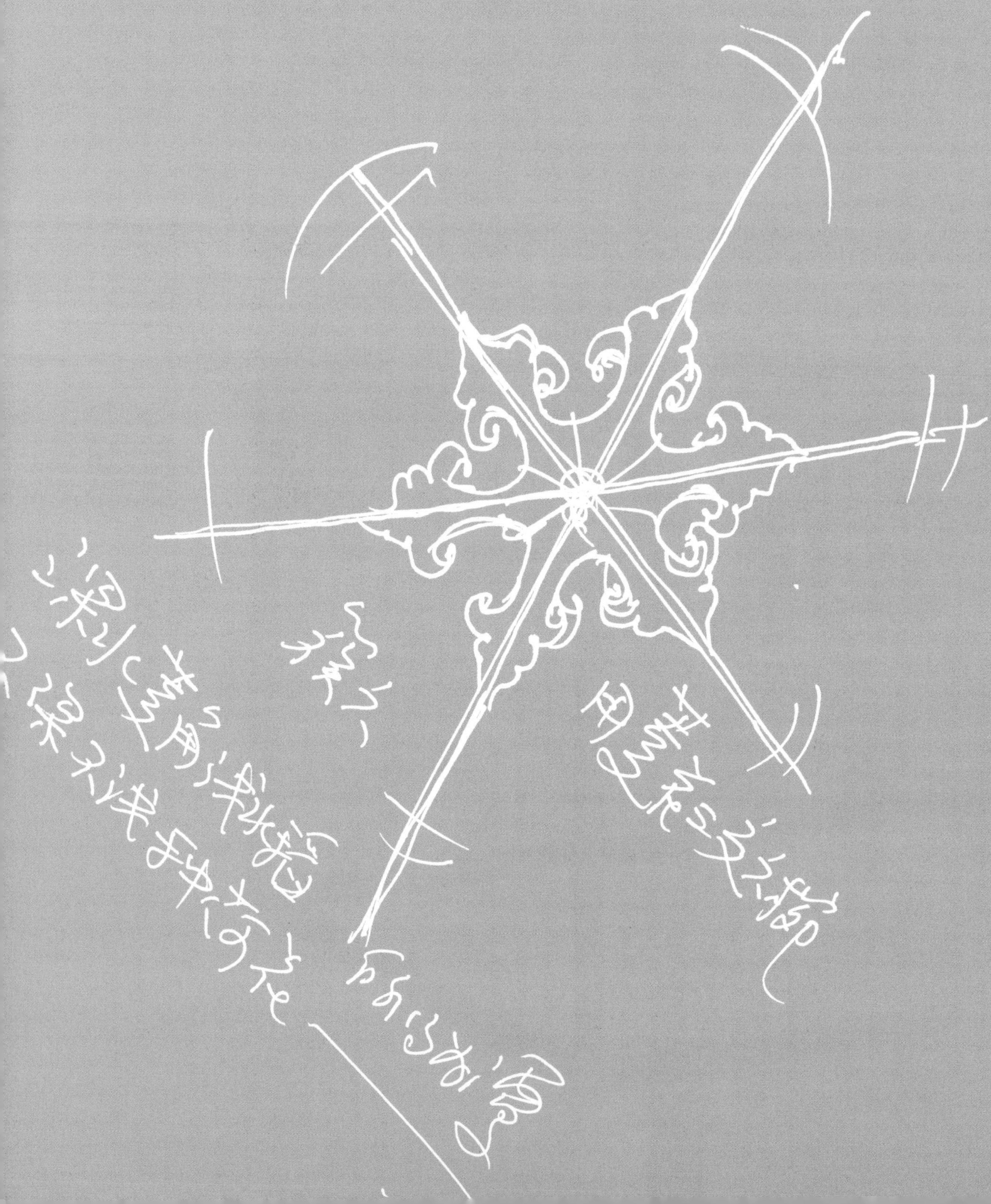

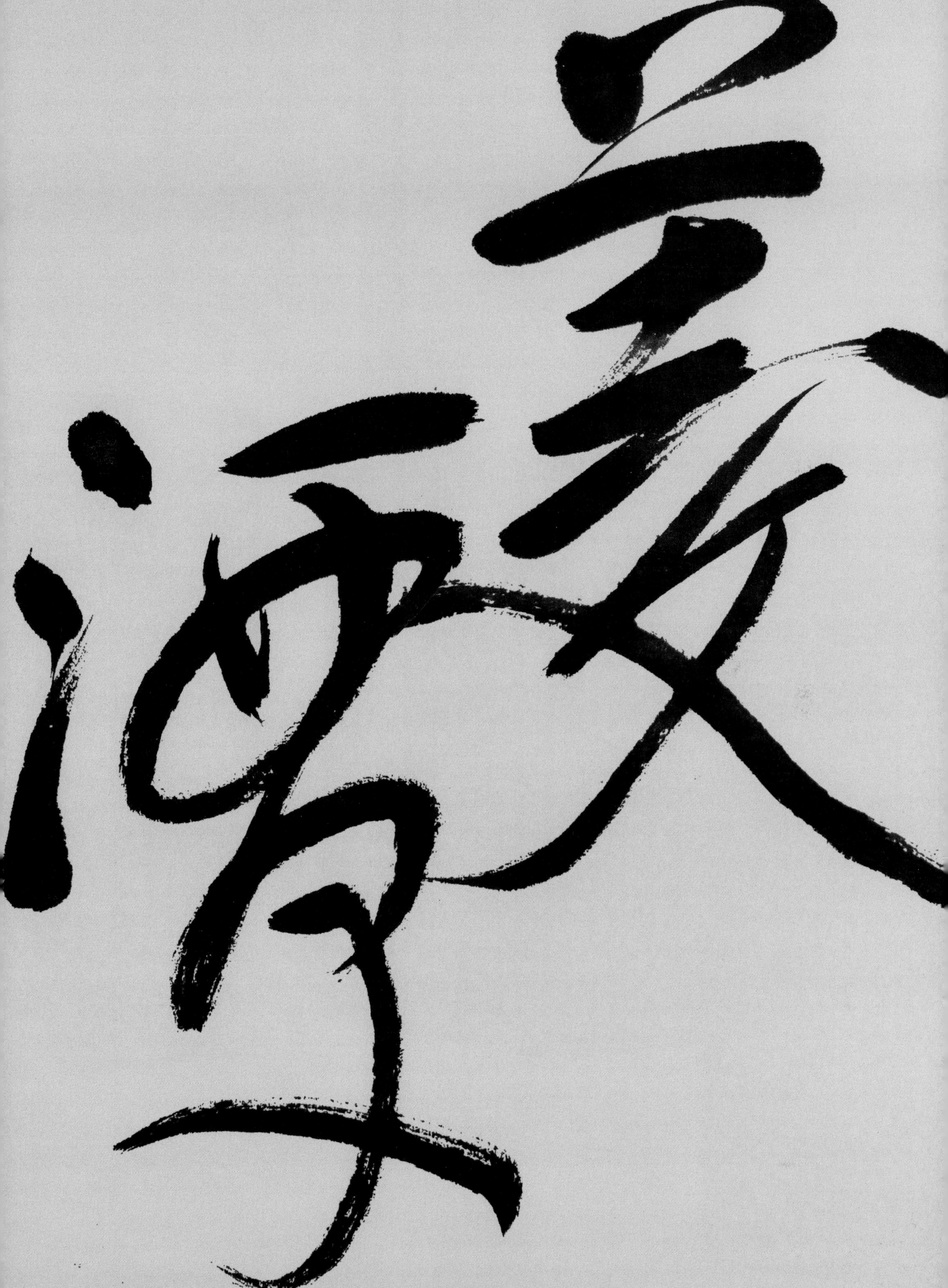

菱潭

菱潭，菱花之潭。菱花是水物，最厌火。
语出南北朝萧悫《春日曲水诗》：『麦垄一惊翚，菱潭两飞鹭。』

屏风连幛，镂空簇六菱花纹，
菱花在潭，绣堆一片，
就算是松竹水月，也未能比其清华。

单扇长八十厘米／宽六厘米／高一百七十二厘米

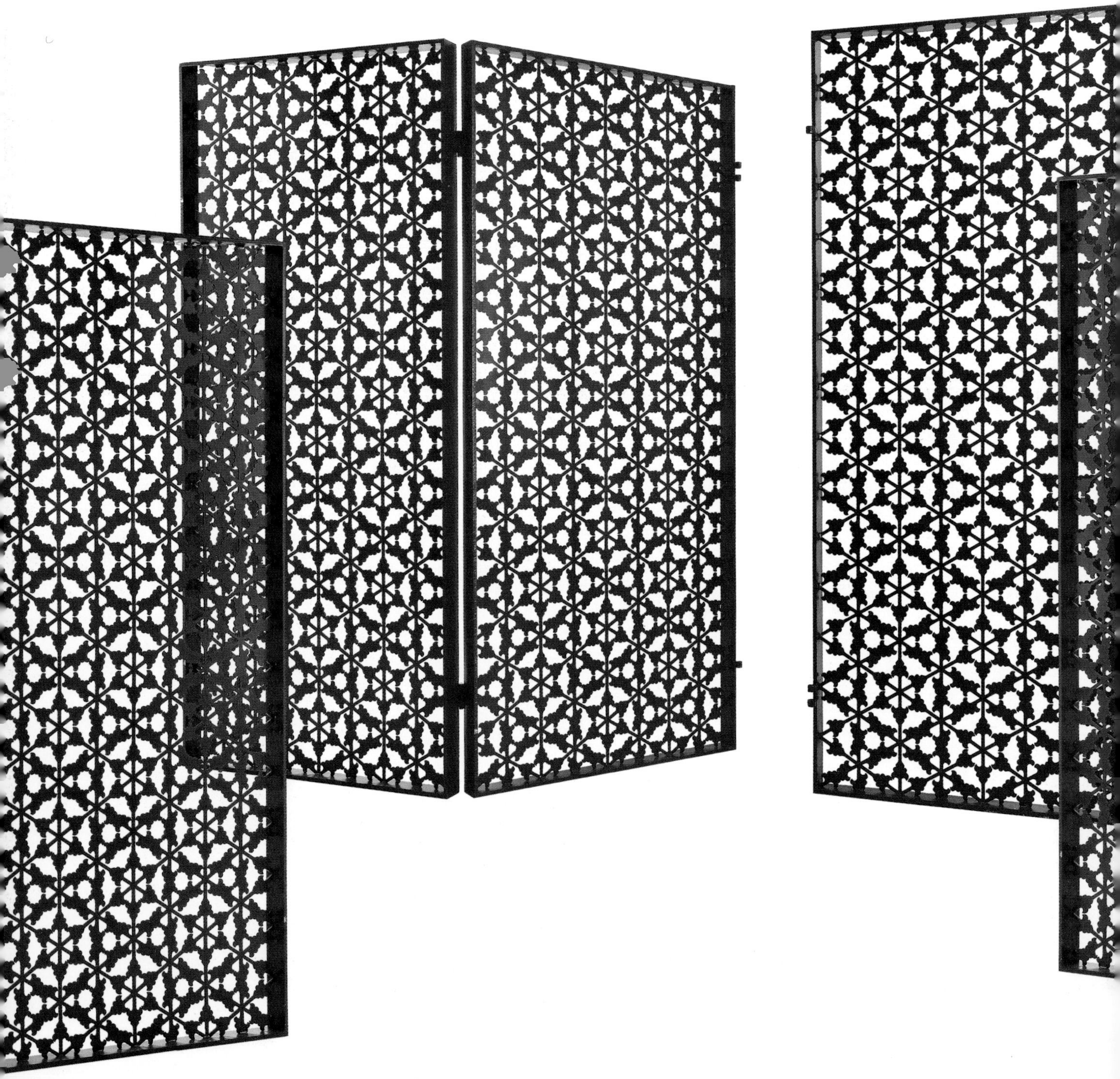

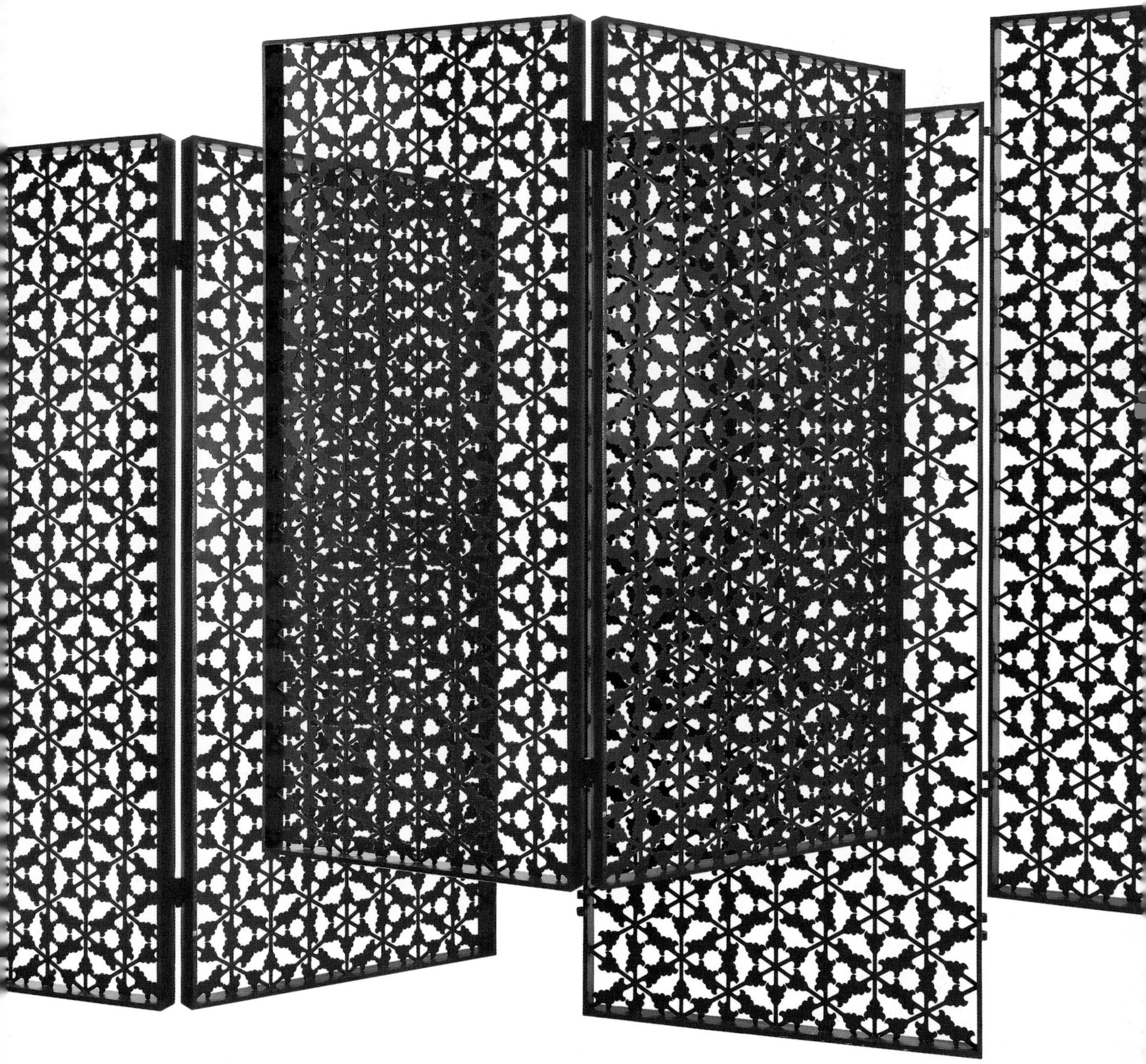

枯槎

枯槎，意指老树枝杈，随形自然。

语出宋代陆游《北坡梅开久一株独不著花立春日放一枝戏作》：『日日来寻坡上梅，枯槎忽见一枝开。』

左图为明代唐寅所绘《陶谷赠词图轴》局部，画中为北宋大臣陶谷，坐板榻，倚茵枕，榻上有纸砚、茶盏，面前置灯檠，身后立画屏，歌妓秦弱兰旧衣竹钗，怀抱琵琶坐在月牙凳子上，陶谷头戴周巾，身穿缘边大袖袍，悠然凝神，自在坐，欲作词《春光好》相赠。

此板榻腿牙连弧纹到地，带托泥，脱胎于画中板榻。连弧纹盛行于秦汉时期，当时的连弧纹头尾相接，大多圈成圆形或方形，是早期中国边界艺术的一种体现，起伏连绵而无穷尽。

连弧纹的边缘波折又如老树之枯槎，故得其名。古琴式中凡有此状者，名曰『惊雷』，形因意起。

长一百八十二厘米／宽四十八厘米／高四十六厘米

举一

结体为巾架，上端横梁为一字形，中间有横枨牵拉，两足卓尔直立，带委角托座，可披挂巾帽。

梦有清虚，物有实用，专供致实之用者，如屏、几、盒、椠等，不可或缺。

衣架在唐代称为『桁』，韩愈《寄崔二十六立之》：『桁挂新衣裳，盎弃食残糜。』

长六十六厘米／宽三十二厘米／高一百七十二厘米

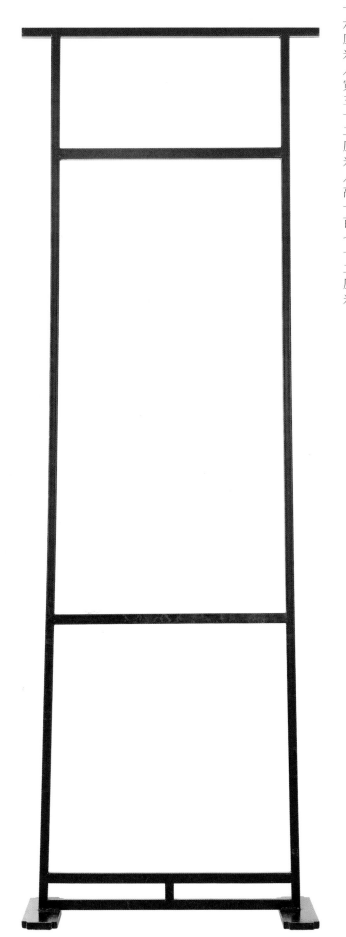

近年木作例举

附录 正柟偶辑

以木为本，方得始终。

匡形螭纹镶白石扶手椅（二〇一二年制）
长八十二厘米／宽六十四厘米／高七十三厘米／座高四十八厘米

叠栱式平头画案（二〇一二年制）
长二百四十厘米／宽八十六厘米／高八十厘米

曲木官帽椅（二〇一二年制）
长六十六厘米／宽四十九厘米／高一百二十二厘米／座高四十九厘米

六角劈料式禅座（二〇一二年制）

长一百零二厘米／宽七十二厘米／高六十六厘米／座高四十六厘米

海棠式庋架（二〇一五年制）

长八十八厘米／宽三十六厘米／高一百九十八厘米

兜珠霸王枨琴几（二〇一六年制）

几长一百三十八厘米／宽四十二厘米／高七十厘米

凳长三十四厘米／宽三十四厘米／高四十八厘米

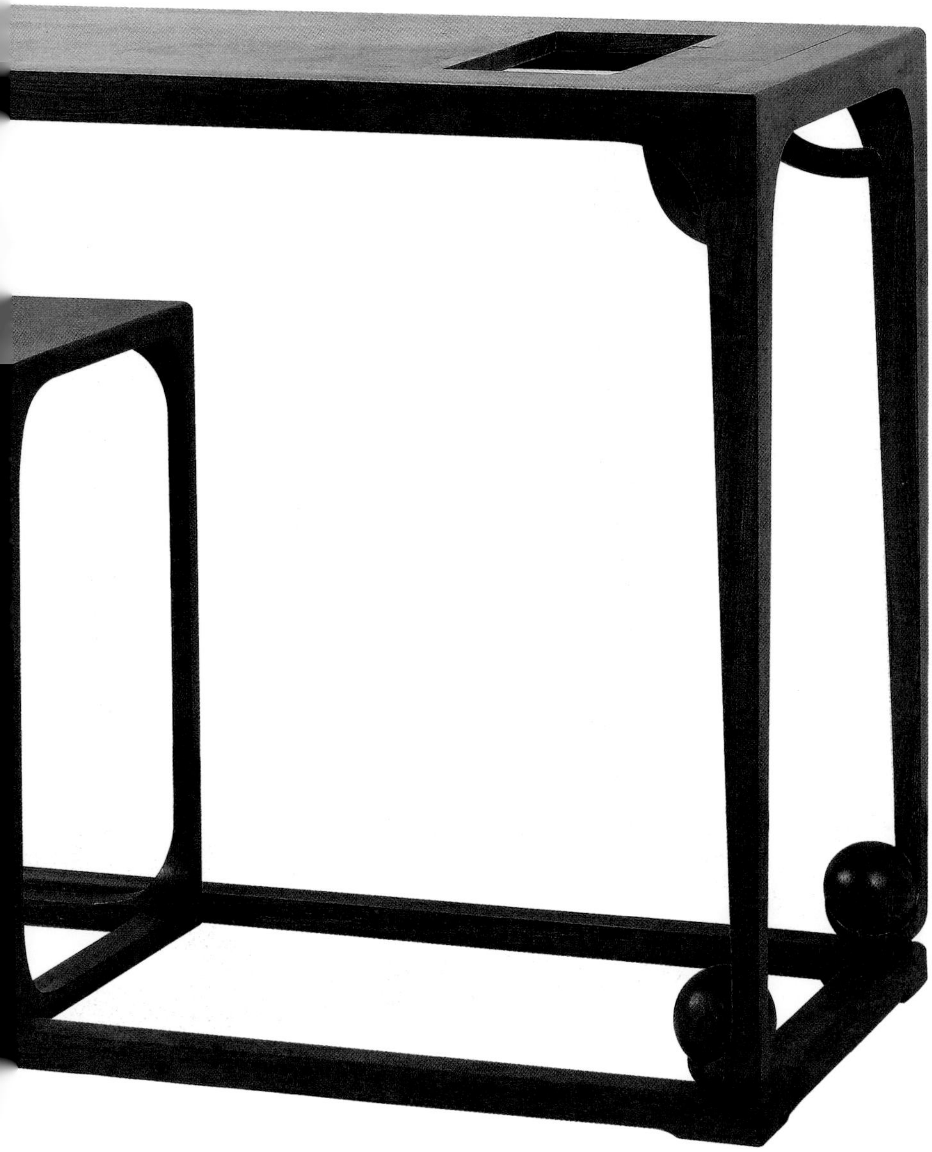

欹斜折角琴几（二〇一七年制）

通长一百八十二厘米／面长一百四十八厘米／宽三十六厘米／高七十厘米

欹斜皮架（二〇一七年制）
长八十六厘米／宽三十六厘米／高二百零六厘米

敧斜兜珠围子床（二〇一七年制）
长一百九十八厘米／宽七十八厘米／高七十二厘米／座高四十九厘米

匡形阑干扶手椅（二〇一七年制）
长七十一厘米／宽七十一厘米／高八十六厘米／座高四十九厘米

图形索引

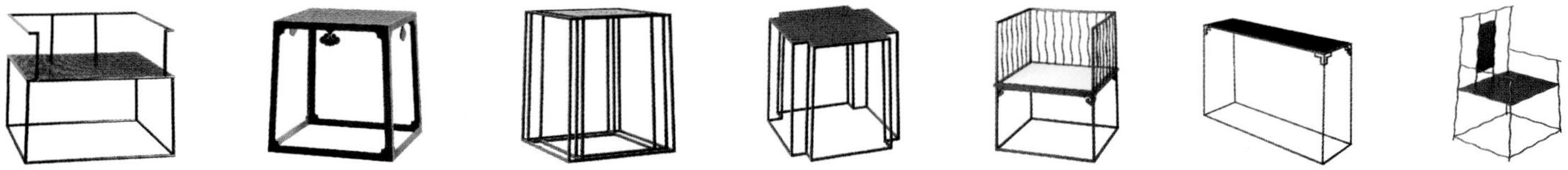

坐隅 5　执友 13　索集 16　梵筵 19　溯洄 23　净几 32　乘桴 37

此君 39　此君 41　离离 51　修筇 55　忘筌 57　郁弥 62　绚素 68

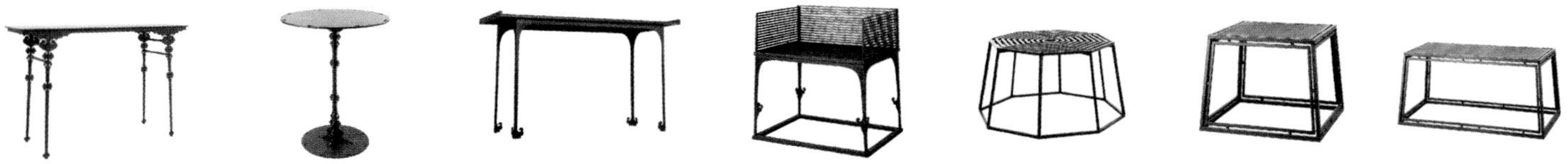

分霭 73　云涌 79　蹈足 81　雁落 84　绸缪 91　浮空 98　浮空禅榻 100

寒蕖 108　擎雨 115　鼓弄 125　叠涩棋榻 129　鹤栅 133　匡正 139　偃仰 146

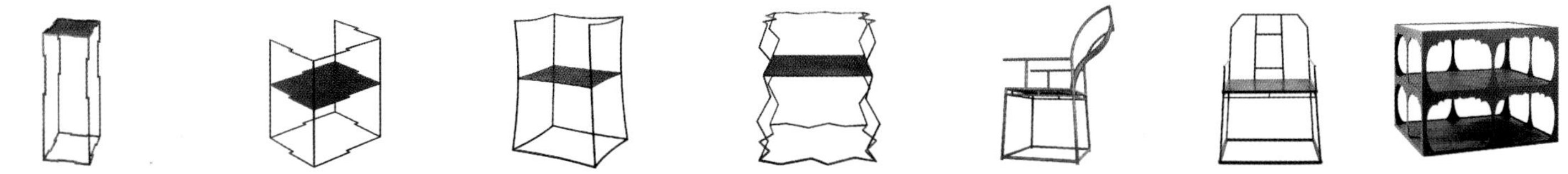

蹊辙 150　掇山 153　枕石 160　蹬道 165　颠连 169　山舆 173　雪虑 181

关捩 189　排闼 190　连障 194　相瞰 197　蝉联 206　冰释 211　青凝 220

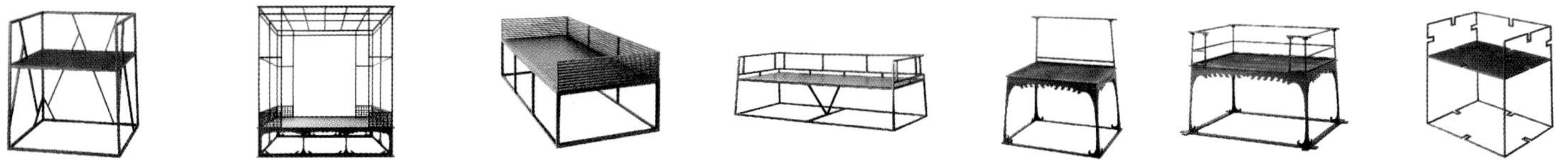

风解 219　覆帱 222　重茵 228　薰风 230　逃禅 238　阑篱 243　蔓延 253

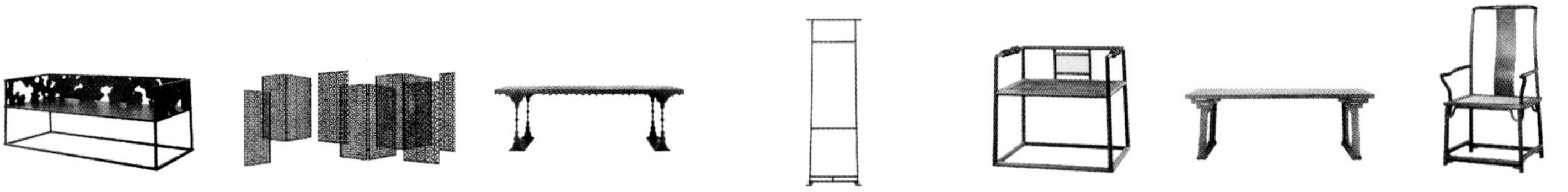

山侧 261　菱潭 263　桔槔 269　举一 271　匡椅 277　叠棋案 279　官帽椅 281

六角禅座 283　海棠皮架 285　兜珠琴几 286　攲斜琴几 288　攲斜皮架 290　攲斜围子床 295　匡椅 297

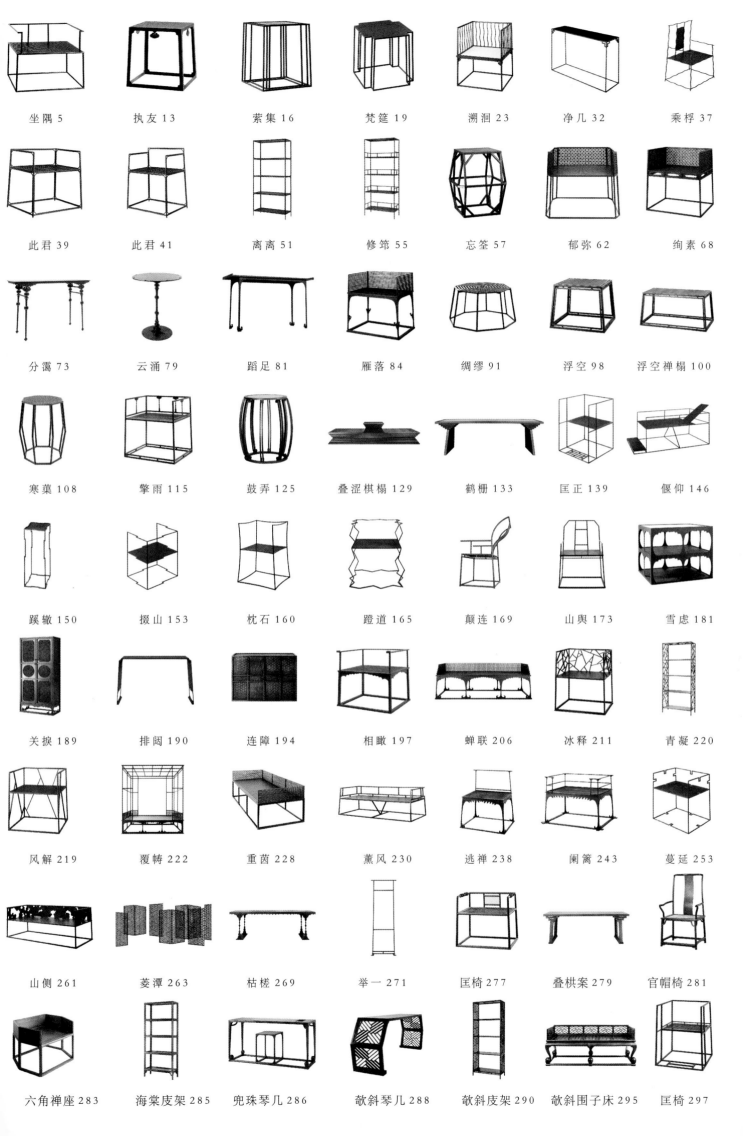

谨谢

刘冠

庄炳恩

云平

郭梁

沈鹤鸣

程茵

穆振英

李钟全

王红伟

逯南

林名伟

赵华领

刘美

樊响

坐观徐徐

珠海市建筑设计院

不碍云山

镜花园

明德设计

借光

般愔

既耕

作者简介

马书，一九八〇年生，河南平舆人。

中国古代家具文化研究学者。

中国当代书室家具美学研习者。

中国古代木构建筑之门窗槅扇美学研习者。

二〇一三年至今，师从香港中文大学古琴导师苏思棣先生研习古琴。

二〇一七年应邀参加国家艺术基金资助项目“坐境·雅之座：中国椅子艺术展”清华美院首展。

二〇一七年至今，有近十件家具作品入藏于北京故宫延春阁。

主要著作

二〇〇七年《明清制造》——中国古代家具美学浅析。

二〇〇九年《明清意象》——中国古代家具美学钩沉及衍生。

二〇一二年《坐观》——中国古代坐具文化研究，共三卷，荣获二〇一二年“中国最美的书”。

二〇一三年《文心飞渡》——宋明家具风格美学研创之初探，荣获二〇一三年“中国最美的书”。

二〇二一年《开轩·中国古代建筑门窗槅扇文化研究》共七卷——录编为“献礼中国共产党成立一百周年论著”。

敬请眷注

《不务》即将完稿。

《洞天忘机》——中国古琴操缦空间构置，即将完稿。

《二十四坐》《崇宁》创作中。

图书在版编目（CIP）数据

斩钉截铁：唐宋元明家具风格的镔铁意象 / 马书著 . -- 南宁：广西美术出版社，2021.11
ISBN 978-7-5494-2345-3

Ⅰ . ①斩… Ⅱ . ①马… Ⅲ . ①家具－艺术－研究－中国－唐宋时期②家具－艺术－研究－中国－元代③家具－艺术－研究－中国－明代 Ⅳ . ① TS666.204

中国版本图书馆 CIP 数据核字 (2021) 第 232712 号

斩钉截铁：唐宋元明家具风格的镔铁意象
ZHANDING-JIETIE: TANG-SONG-YUAN-MING JIAJU FENGGE DE BINTIE YIXIANG

著　　者：马　书
书　　法：马　书
装帧设计：马　书　吴　赛
摄　　影：逯　南　于铁群　马　书

出 版 人：陈　明
策划编辑：梁秋芬
责任编辑：黄　喆　钟志宏
助理编辑：覃　祎
责任校对：肖丽新
审　　读：马　琳
责任监制：莫明杰
出版发行：广西美术出版社有限公司
地　　址：广西壮族自治区南宁市青秀区望园路 9 号
邮　　编：530023
网　　址：www.gxmscbs.com
开　　本：210 mm×297 mm　1/16
印　　张：20
字　　数：40 千字
制　　版：深圳市国际彩印有限公司
印　　刷：深圳市国际彩印有限公司
版次印次：2021 年 11 月第 1 版第 1 次印刷
书　　号：ISBN 978-7-5494-2345-3
定　　价：380.00 元